服装裁剪手册系列丛书

服装领型款式与裁剪

宋莹 邹平 王宇宏 编著

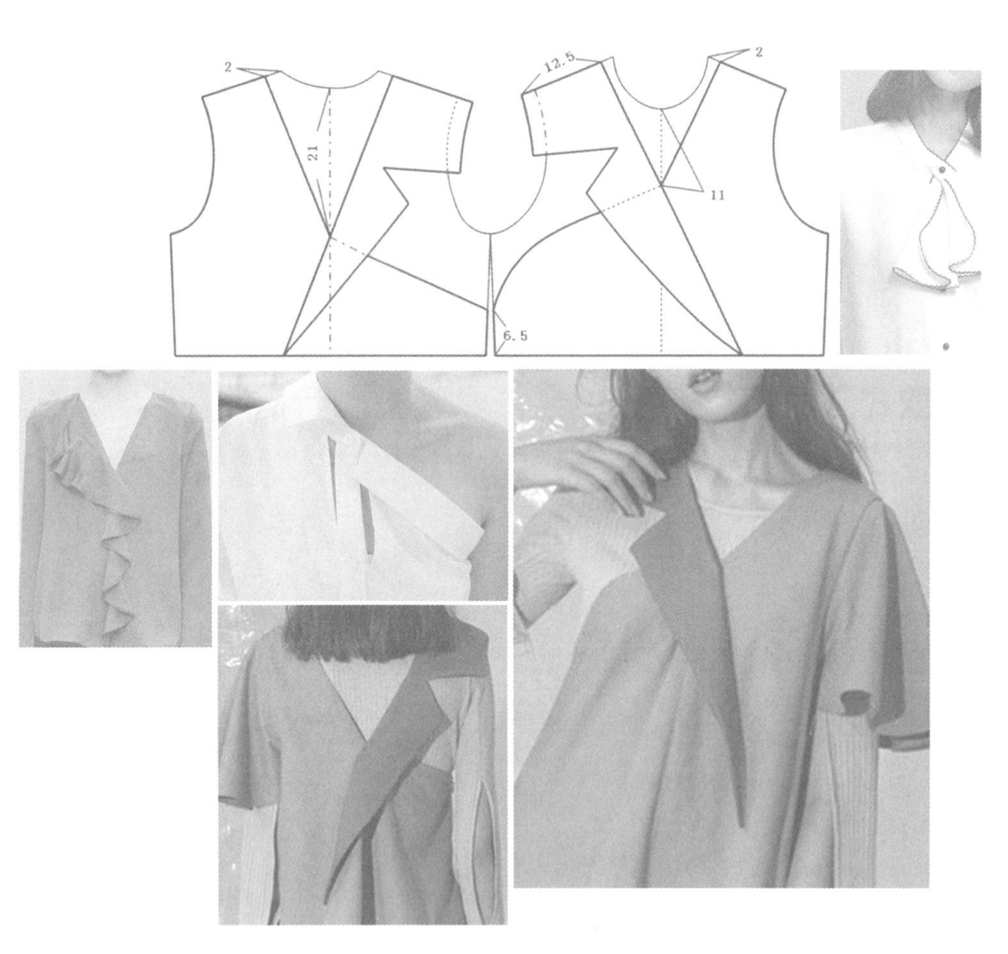

東華大學出版社
·上海·

图书在版编目（CIP）数据

服装领型款式与裁剪 / 宋莹，邹平，王宇宏编著 .
—上海：东华大学出版社，2017.10
ISBN 978-7-5669-1285-5

I. ①服… II. ①宋… ②邹… ③王… III. 服装设计
②服装量裁 IV. ① TS941.2 ② TS941.631

中国版本图书馆 CIP 数据核字（2017）第 232274 号

责任编辑：谭　英
封面设计：张林楠

服装领型款式与裁剪

Fuzhuang Lingxing Kuanshi yu Caijian

宋 莹　邹 平　王宇宏　编著

出　　版：东华大学出版社（上海市延安西路 1882 号，200051）
本社网址：http://www.dhupress.net
天猫旗舰店：http://dhdx.tmall.com
营销中心：021-62193056　62373056　62379558
印　　刷：上海盛通时代印刷有限公司
开　　本：889mm × 1194mm　1/16
印　　张：7.5
字　　数：264 千字
版　　次：2017 年 10 月第 1 版
印　　次：2017 年 10 月第 1 次印刷
书　　号：ISBN 978-7-5669-1285-5
定　　价：29.00 元

前言

衣领在服装造型中起着提纲挈领的作用。领子的式样千变万化，造型极其丰富，既有外观形式上的差别，又有内部结构的不同，因此是服装款式设计中的重点之一，也是服装结构设计的难点之一。

随着经济的发展与社会的进步，人们的衣着打扮已不断趋向多样化与个性化。特别是高级成衣及时装等更呈现出风格各异、样式时尚、结构多变的特点。因此，研究领型的款式及结构设计方法，快捷而又合理地获得优美的服装造型与板型，以表达设计师所追求的独特的着装风貌，已越来越得到人们的重视。本书由浅入深地剖析了无领、立领、翻领、企领、驳领及变化领等多种领型的结构设计原理、规律及应用方法，使读者理清领子设计的核心理论，即除了无领外，从立领到翻领，再到企领、驳领，领子的结构变化原理基本上是领上口折叠和切量变化的过程。立领和翻领的组合变化可以得到企领，立领或翻领与驳头的不同组合又可以构成各式驳领，因此领子的结构设计原理其实都遵循立领的结构原理。为了使理论密切结合实际，本书所有的结构设计实例，均采用实物图的方式，选择了近年来流行的款式，使本书既有时尚感，又具有实用性。

全书共分七章。主要包括服装领型设计概述，服装领子的作用及分类、服装领型的设计要素、原型领窝结构，无领、立领、翻领、企领、驳领、变化领的结构原理与变化及实例等。本书注重结构原理与制图方法，全书配有 400 余幅领型款式图及结构图，通过对具有代表性的领型实例款式与结构设计介绍与分析，由浅入深地介绍了各种服装领型的结构原理、结构设计制图及变化应用，内容完整系统，重点突出，具有很强的实用性和可操作性。书中内容通俗易懂，涵盖面广。通过图片与文字的互相结合，以及准确清晰的结构制图，读者可以轻松读懂并掌握对应领型的结构制图原理与方法。

本书的作者都是长期工作在服装结构与设计教育第一线的老师。全书在服装结构理论及实践的基础上，经多次实践、多次修改、多次易稿而成。共有三位教师参与本书的编写。本书第一章第一节、第二节由王宇宏撰写；第一章第三节、第四节，第二章由邹平撰写；第三章、第四章、第五章、第六章、第七章由宋莹撰写。全书由邹平统稿。

借本书出版之际，对给予我们各方面无私帮助的所有同仁们致以深深的谢意！鉴于作者水平有限，书中尚有不妥之处，恳请同行、专家们给予指正。

目　录

第一章

服装领型结构设计概述

第一节　服装领子的作用

领子装缝在衣身领口线上，紧贴人体颈部，是构成服装的主要部件之一，也是服装设计中局部设计的重点内容。领子的变化非常丰富，不同的领型，体现不同的风格，具有不同的功能，因此也是人们选择服装时重要的考虑因素之一。领子的作用主要包括以下几个方面：

一、满足人体舒适性的要求

从功能性的角度说，领子的设计首先必须要满足人体对穿着舒适性的要求，即实用性要求。一般情况中，环境温度多低于人体体温（37℃），人体在无显汗状态下总热量的97%为传导散热、对流散热、辐射散热与蒸发散热。领口作为服装的最上端开口处，领口的大小、领子的形式决定了服装内热、湿及空气的移动。比如当人体在一个相对较热的环境之中，大开口的领子会迅速帮助人体散热，而当环境温度偏低时，封闭型的领子则会起到保暖防风的作用。当长时间处于暴晒环境下时，具有遮蔽作用的领子还可以起到防紫外线的作用。此外，在设计领子时，还要考虑领子的重量对肩部的影响，比如儿童和老年人的服装不适合使用厚型、克重大的面料制作领子，其领子也不适合做重叠复杂的设计，同时还要注意领口尺寸和关闭形式是否方便穿脱的问题。因此，领子的设计不但要考虑时尚美观，也要兼顾穿着者的年龄、服装用途等因素。

二、美化人体

人们的第一视觉重点往往在脸部，对于服装的来说，与面部最贴近的就是领子。领子的样式往往容易促使人们对穿着者产生第一印象。在现实生活中，每个人的脸型、气质、肤色等都不同，适合每个人的领子也有所不同。人们可以利用由于同时对比带来的视错觉来掩饰脸型的不足。比如：头比较大的人不适合穿小领子的服装，否则会显得头部更大；圆脸的人更适合穿平领或者V领的服装，起到拉长脸型的效果；脸部棱角分明的人会显得刚毅和冷漠，穿着具有曲线感的领子会弱化这种印象。此外，小女孩穿着波浪领等设计感强的领子会显得更加可爱，职场上的中年人穿着设计干练的领子会显得更加严谨。因此领子可以起到美化与点缀作用。

三、提升服装整体艺术感

服装风格的完整感统一感是由服装的款式、色彩、材料、工艺等因素共同决定的。领子属于局部设计，局部服务于整体，领子的色彩、款式、结构以及所选用的材料等都要与服装的整体风格匹配，提升服装的艺术感。一件优秀的设计作品，在进行时尚新颖、大胆创意的同时，也需要细腻的细节烘托主题，领子虽小，但却可以起到完善服装设计风格的作用。

第二节 服装领型的分类

领子是服装中的重要组成部分，被称为“服装的窗口”“服装设计的第一起点”，不仅衬托着人的脸部与颈部，而且是人的视觉中心，有很强的视觉冲击力。服装领型的分类主要按衣领组成部分、衣领穿着形式、领外部造型、变化领型等进行分类。

一、按衣领组成部分分类

服装领型按衣领组成部分分为无领结构领、有领结构领两大类。

1. 无领结构领

无领结构领是指服装的领口处只有领口的造型线而没有领子，因此也叫领口领。其具体形状由领口、前襟与两肩所形成的形状决定。根据穿脱的形式其又可以分为套头式和开襟式两种形式（图1.1、图1.2）。

图1.1 套头式无领结构领

图1.2 开襟式无领结构领

2. 有领结构领

有领结构领是指在服装领口弧线上缝合着领子或在前后衣身上直接连身出领的造型，其结构造型由领口弧线与领子共同组成（图1.3）。

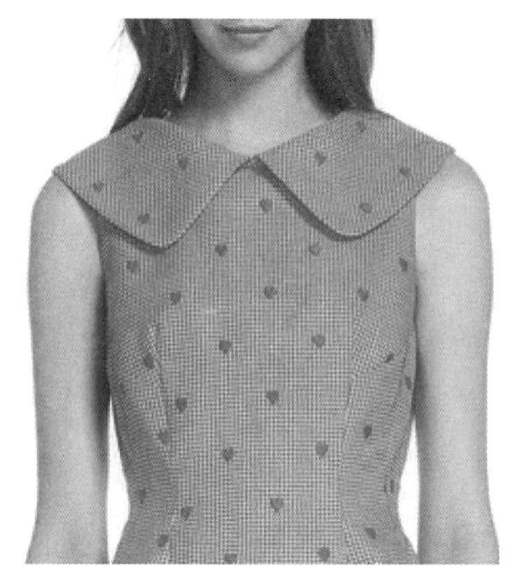

图1.3 有领结构

二、按衣领穿着形式分类

服装领型按衣领穿着形式可分为开门领、关门领两大类。

1. 开门领

该类领型的领口开得较深，第一粒扣位较低，从视觉上看领口在前胸部呈敞开状态，因此也叫敞领（图1.4）。

图1.4 开门领

2. 关门领

此类领型与开门领相反，领口开得相对贴近人体颈窝处，从视觉上看领子在穿着的时候呈闭合状态（图1.5）。

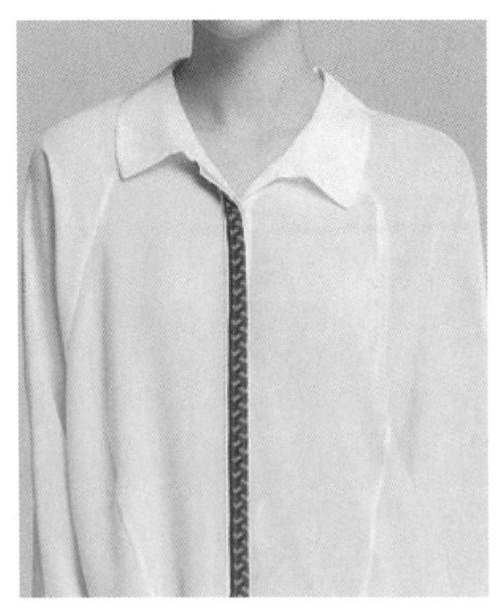

图1.5　关门领

三、按衣领外部造型分类

服装领型按衣领外部造型可分为立领、翻领、企领、驳领等。

1. 立领

立领外部造型与人体颈部呈竖立状态，在视觉上给人以直立在领窝上的外观效果，因此叫立领（图1.6）。

图1.6　立领

2.翻领

翻领造型结构为一个整体，无独立的领座（无底领），延翻折线向外翻出领子，翻折部分大于底下的支撑部分，达到覆盖住支撑部分的效果（图1.7）。

3. 企领

企领结构造型是由独立的领座（底领）和翻领两部分组成（图1.8）。

4. 驳领

驳领共分为三种：第一种是由翻领和驳头组成的叫翻驳领；第二种是由立领和驳头组成的叫立驳领；第三种是翻领或立领部分与衣身驳头连为一体的叫做连驳领（图1.9）。

图1.7　翻领

图1.8　企领

图1.9 驳领

四、按变化领型分类

变化领型指的是在基础领型之上，对服装的领子造型进行款式和结构的变形设计，使之在结构和造型上产生变化，形成不同于任何一款基础领型的造型款式，通常按变化领型可以分为荡领、波浪领、系带领、连帽领、组合领等。

1. 荡领

荡领又叫垂褶领或悬垂领，通常是在无领的结构上，将前后领口进行拉伸扩展，或展开省道，从而使衣片在前后领口的位置产生自然下垂的效果（图1.10）。

图1.10 荡领

2. 波浪领

波浪领的结构原理和荡领相同，不同的是，波浪领的结构变化是在有领的结构基础上完成的。通过对领子结构进行剪切展开，或省道转移形成荷叶边，最终达到波浪形造型效果（图1.11）。

图1.11 波浪领

3. 系带领

系带领也叫飘带领，其结构造型通常是在立领基础上，将领子的下口弧线进行延长，使其长于领口弧线，达到一定长度系成一定造型（图1.12）。

4. 连帽领

连帽领在结构造型中用帽子代替领子的造型，因此也叫做帽领（图1.13）。

图1.12 系带领

图1.13 连帽领

5. 组合领

组合领往往包含两种以上领子造型，这些不同的领型共同组成服装领子的最终造型（图1.14）。

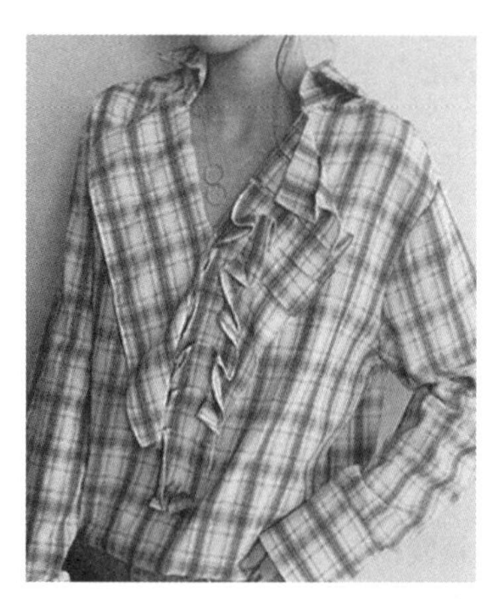

图1.14 组合领

第三节 服装领型的设计要素

一、结构设计要素

在衣领的结构设计过程中，要达到使服装的领型符合人体特征及穿着需求，必须要考虑到以下几点设计要素。

1. 衣身领口结构

服装衣身领口是安装领子的部位，它的结构设计是否合理，决定了领子弧线与衣身领口弧线的契合度，同时对领子以及成衣的整体造型都起到了决定性的作用。

2. 领座结构

衣领中的领座通常出现在企领的造型和结构设计中，起到了连接衣身领口和翻领的作用。因此，领座的结构设计是否合理，直接影响到领子最终的成型效果。

3. 翻领结构

在各种领子造型中，除了无领造型，所有的领子都包含有翻领部分，翻领的结构设计是否合理，决定了领子的贴体度、美观度以及舒适度等多方面效果。

4. 驳领结构

驳领通常与前衣身相连，并通过翻折线倒伏在人体前衣身位置，因此驳领的造型是否美观合体就会变得非常醒目，驳领的结构设计是否合理就显得格外重要。

二、造型设计要素

在衣领造型设计的过程中，要考虑：领子的舒适度，即领子造型必须要满足人体静态和动态两种情况下的需求，然后在此基础上对领子的造型进行艺术设计，其中包括领子造型与服装整体的比例效果；领子造型与面料及服装整体风格的匹配；领子造型与穿着者的体型特征的相适应性等多方面要素。

第四节 原型领窝结构

一、原型领窝

原型领窝也叫基础领窝。由于原型的领口弧线紧贴人体的颈部，经过人体的前颈点、侧颈点以及后颈点，是所有衣领结构设计的基础，因此任何领型的结构设计，都必须在原型领窝的基础上进行结构变化。只有这样才能使服装领型在结构与造型之间达到协调统一的效果。

二、原型领窝的制图

本书所采用的原型领窝制图主要是以第八代日本文化式原型领窝为基础。第八代日本文化式原型的具体绘制方法见图1.15。其中：胸围（B）84cm、背长（BL）38cm、腰围（W）68cm。

介于书中部分款式属于宽松款，因此后衣片没有肩省，因此在制图过程中将原型中的后肩省1.8cm从后肩端向里进行修正，使前后小肩长相等，形成无后肩省原型样板（图1.16）。

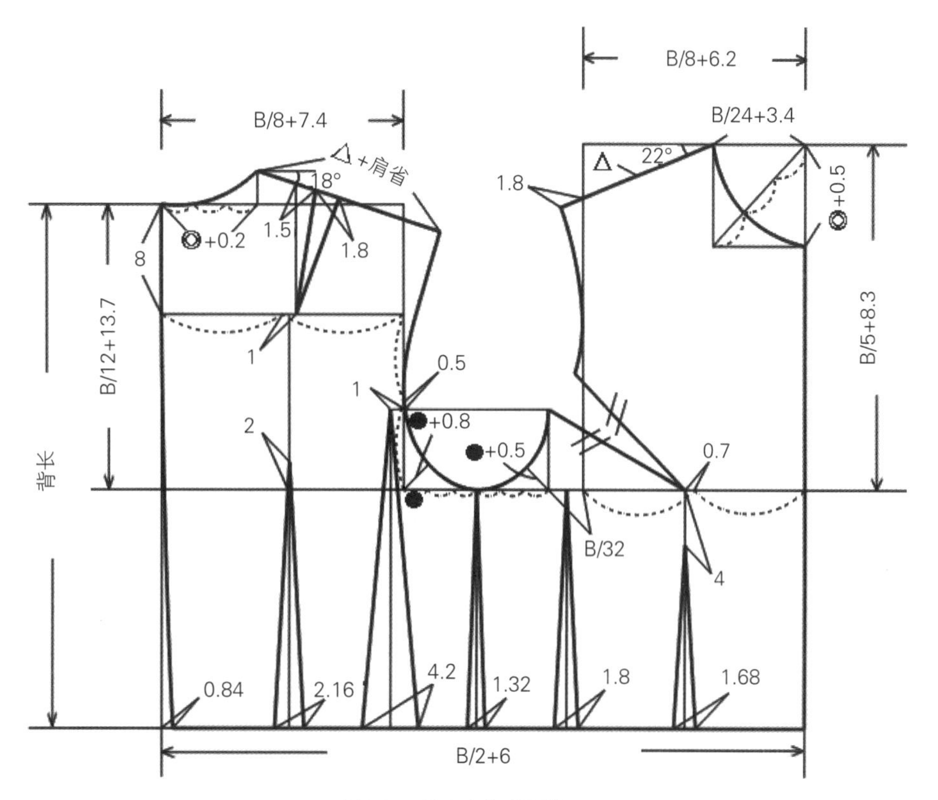

图1.15 日本文化式原型

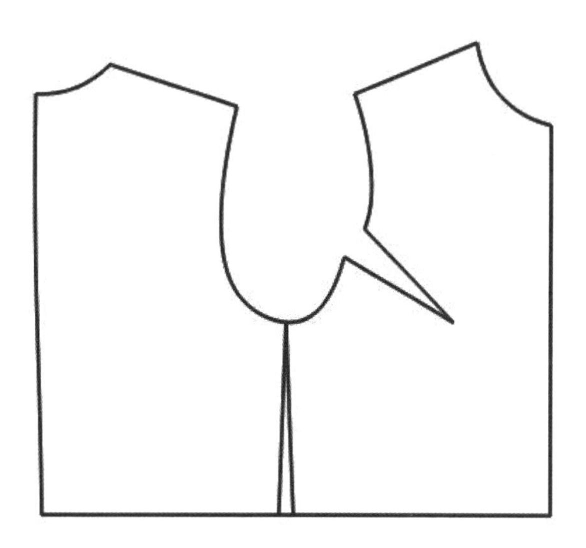

图1.16 无后肩省原型

第二章

无领款式与结构设计

第一节　无领的结构原理与造型变化

无领领型在前后衣身的领口弧线处没有单独的领子部分，而是直接利用领口弧线，或对其进行造型变化，并将得到的领口弧线形状直接作为领子使用在服装的结构造型设计中，因此是领子结构设计中相对简单的一种形式。

在无领结构设计中，要求领口结构造型，既要符合形式美的基本规律，又要满足人体曲面的凹凸造型，达到贴体的设计目的。因此，无领虽然在结构设计上相对简单，但是要真正达到美观与合体相结合的效果也不是一件简单的事。

一、无领款的结构原理

无领款的领宽与领深的结构设计较为简单，通常以不过分暴露并能满足人体运动及穿着需求为标准。领宽通常以不超过人体肩端点为宜；领深则范围较大，前衣身上可以开至胸围线以下，后衣身上可以开至腰围线（图2.1）。

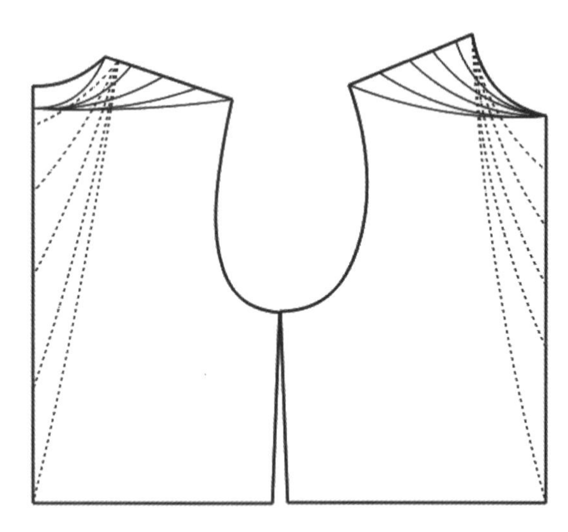

图2.1 无领款领口结构原理

二、无领款的造型变化

无领款的结构变化主要体现在衣身领口弧线的变化。领口的形状及弧线的大小，可以根据款式需要进行随意设计，其主要结构造型包括圆形领、方形领、V形领、一字领、U形领和不规则领等（图2.2～图2.7）。无领的结构设计要点是用类比法确定无领的位置，用仿形法确定无领的造型线。

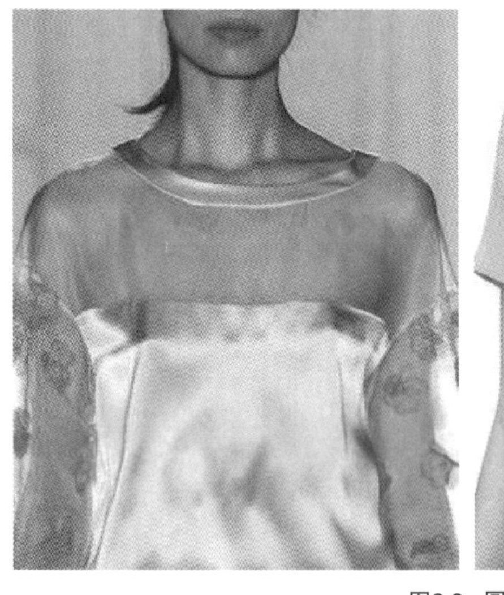

图2.2　圆形领

图2.3（1）　方形领

图2.3（2）　方形领

图2.4　V形领

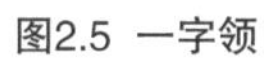

图2.5　一字领

图2.6（1）　U形领

图2.6（2） U形领

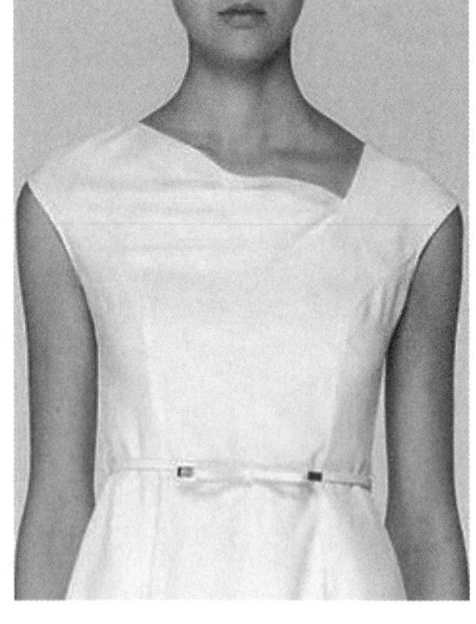

图2.7 不规则领

第二节 无领款及结构设计实例

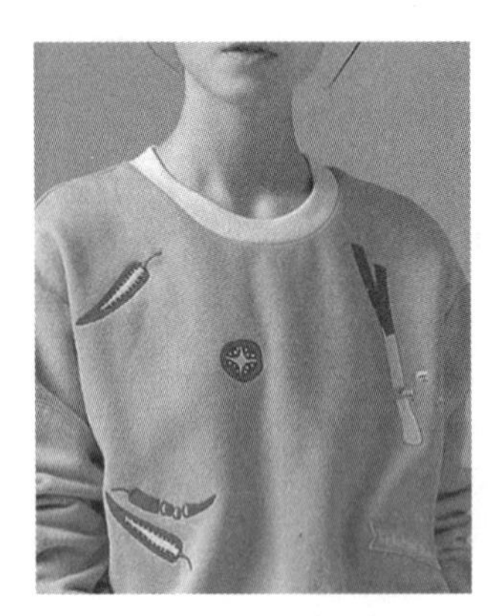

图2.8 圆形无领款式图

一、圆形无领

1）**款式特点**：该款为基础圆型无领,领宽与领深在原型基础上略有加大。由于领口及衣身采用针织面料，有弹性，故穿着时能保证领口弧线总体长度大于人体头围，从而便于穿脱。领口异色贴边，增加了款式的设计感（图2.8）。

2）**款式结构**：在原型的领口弧线基础上前领深沿前中心线向下加深1.5cm，后领深沿后中心线向下加深0.5cm;前后领宽分别沿前后肩线加宽1cm；异色面料的领口宽度为2.5cm（图2.9）。

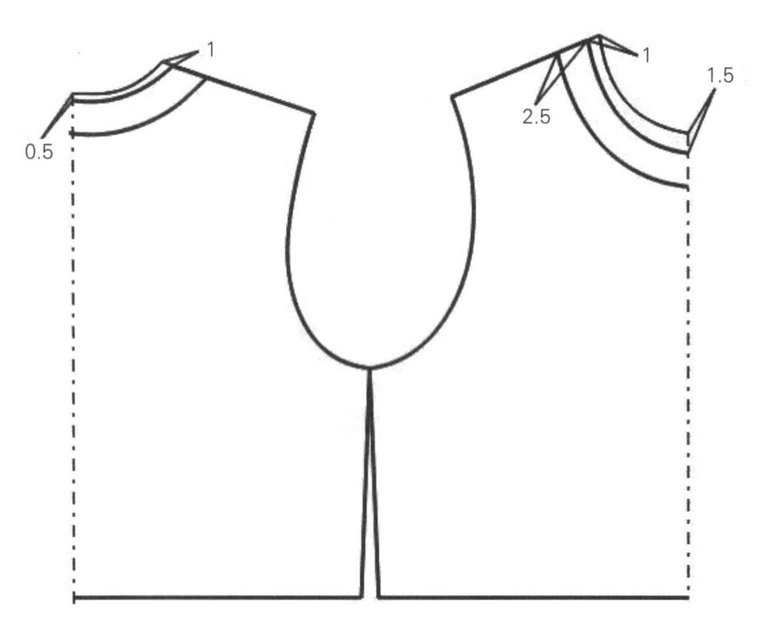

图2.9 圆形无领结构图

图2.10 深V形无领款式图

二、深V形无领

1）**款式特点**：该款属于深V领型。在原型领口基础上，适当开宽领宽，加深领深，使领型更有时尚感（图2.10）。

2）**款式结构**：在原型领口的基础上，前后领宽分别加宽2cm,前领深沿前中心线开深至胸围线，后领深沿后背中心线开深1cm，领口贴边宽5cm（图2.11）。

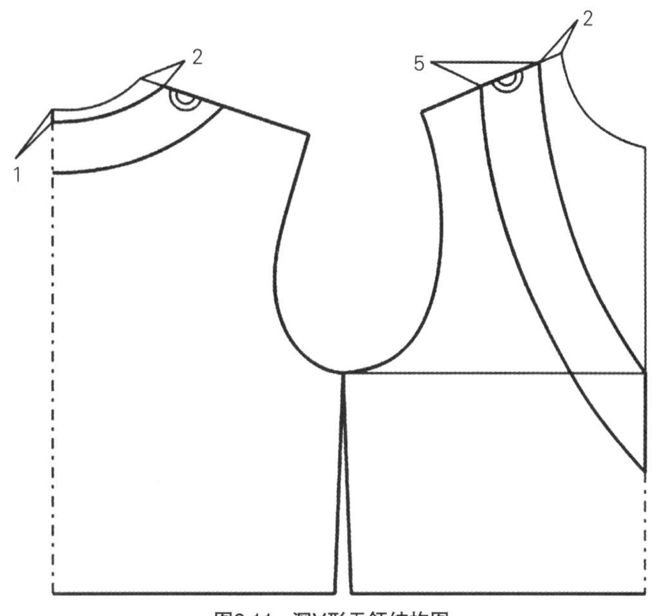

图2.11 深V形无领结构图

图2.12 浅V形无领款式图

三、浅V形无领

1）**款式特点**：该款属于无领中的浅V形无领。领宽相对合体，贴近人体颈部，同时由于门襟为双排扣结构设计，因此领深在原型领深的基础上进行适当开深，以满足领口在门襟处的折叠需要（图2.12）。

2）**款式结构**：门襟采用双排扣结构设计，将前衣身门襟重叠量设为8cm。由于领子侧部较为贴近人体，因此领宽不变。前领深沿原型前中心线向下加深5.5cm（图2.13）。

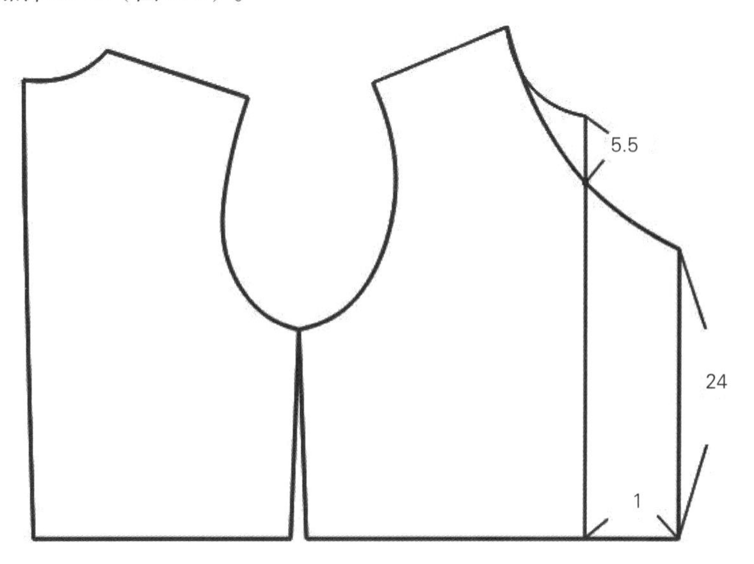

图2.13 深V形无领结构图

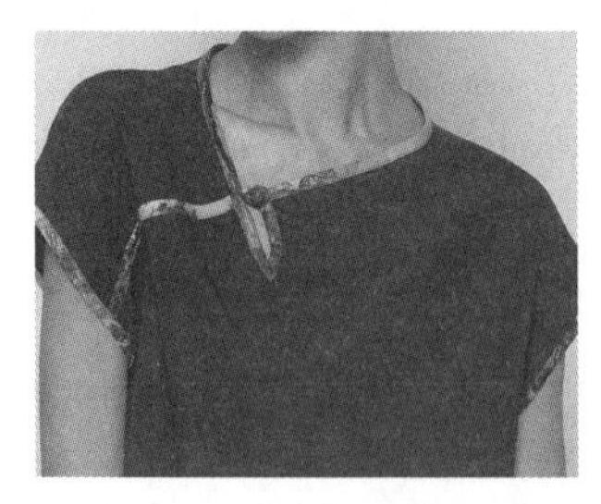

图2.14 包边不对称无领款式图

四、包边不对称无领

1）款式特点：该款属于领口包边不对称的无领领型。领宽在原型基础上有所开宽，领深在前衣身右侧较深，并向左侧逐渐提高。右侧前衣身领口处系扣，并在领口一周进行包边处理（图2.14）。

2）款式结构：在原型基础上前后领宽各自沿肩线加宽2cm，前衣身右侧领深开深至袖窿省上端，前领中心处向衣身右侧平移3.5cm，并上抬6cm，确定领子开口位置（图2.15）。

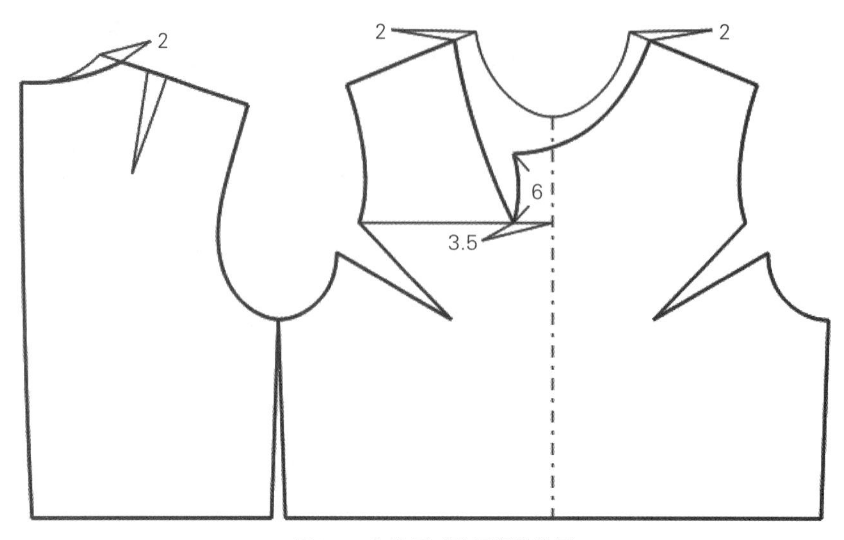

图2.15 包边不对称无领结构图

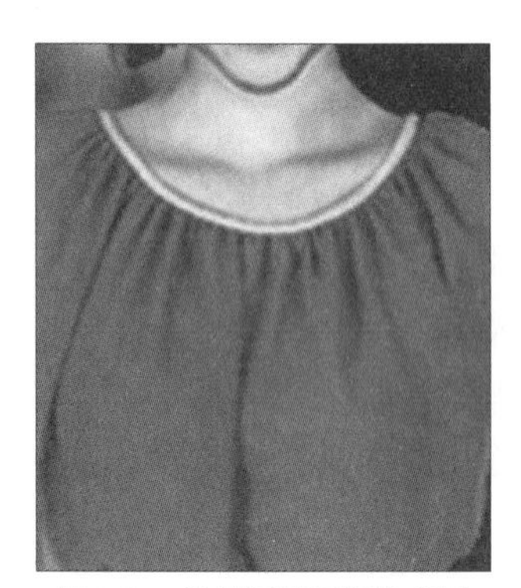

图2.16 抽褶圆形无领款式图

五、抽褶圆形无领

1）款式特点：该款属于抽褶的圆形无领。领宽和领深在原型基础上均略有加大，但是整体形状没有发生很大变化。主要造型设计体现在衣身领口处，通过展开拉伸将衣身领口弧线加长，通过领口包边工艺将展开量吃进，形成前衣身领口处的自然褶（图2.16）。

2）款式结构：在原型基础上领宽沿肩线开宽3cm，领深加深4cm,并确定领口基础弧线造型，然后将前后领口弧线分别三等分进行省道合并展开，前片合并袖窿省，后片合并肩省，从而将领口弧线展开，产生褶量（图2.17～图2.19）。

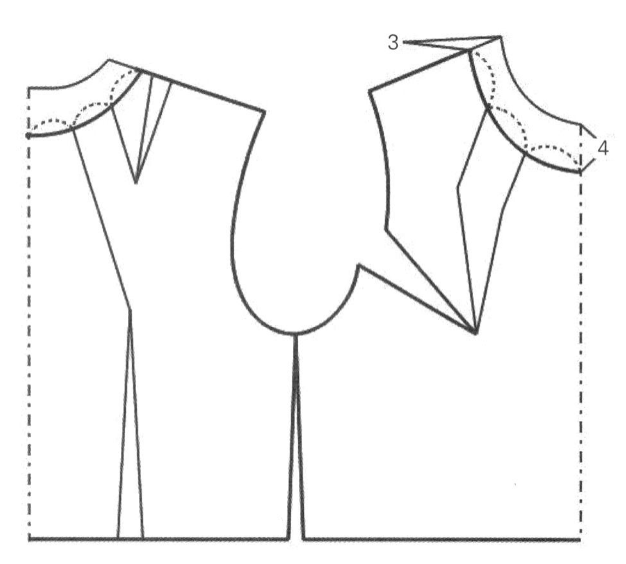

图2.17 抽褶圆形无领结构图（一）

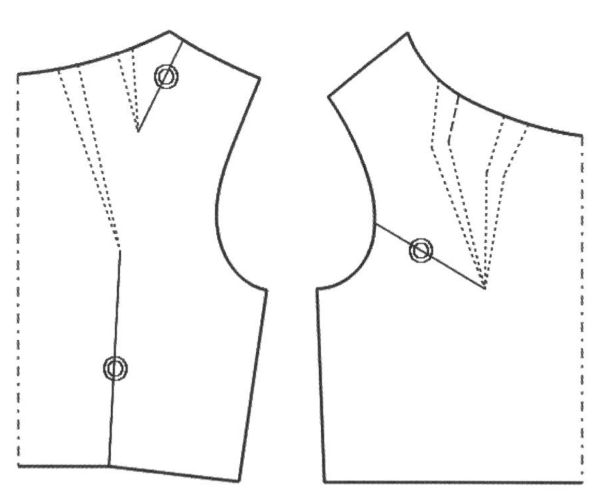

图2.18　抽褶圆形无领结构图（二）

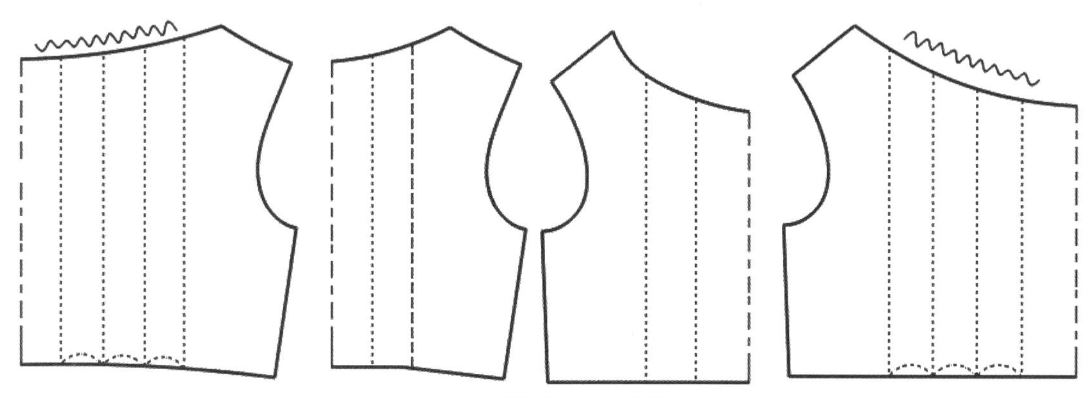

图2.19　抽褶圆形无领结构图（三）

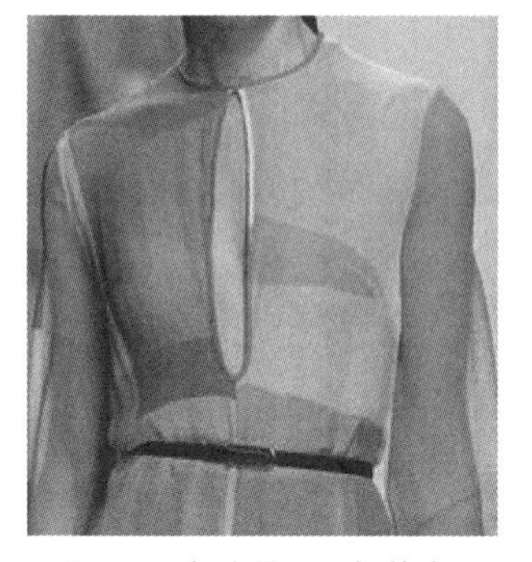

图2.20　包边圆形无领款式图

六、包边圆形无领

1）**款式特点：**该款在原型基础上对款式进行设计变化，突破固有的圆领模式。领口弧线只是在领宽上略微调整，基本保持原型领口不变，并沿前中心线向下设计弧线开口，使得整个领型更具有设计感（图2.20）。

2）**款式结构：**在原型基础上，前后领宽各开宽0.5cm,领深不变。沿前中心线向下至腰围线向上6cm处，画出前中心开口（图2.21）。

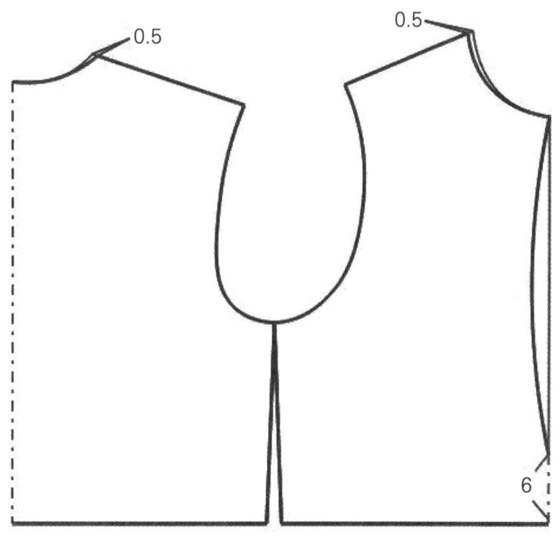

图2.21　包边圆形无领结构图

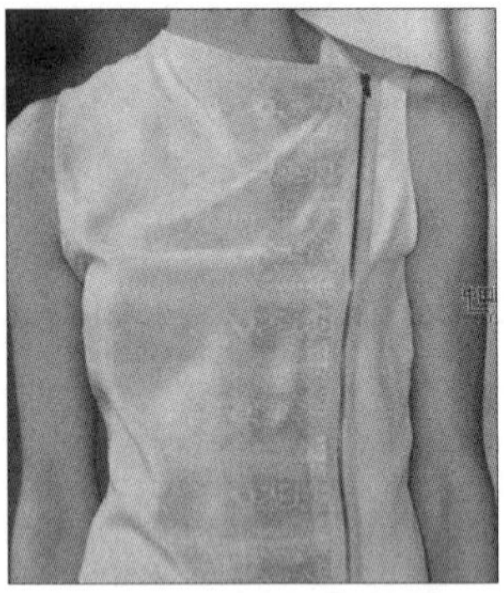

七、不对称无领

1）**款式特点：**该款属于不对称的无领。左右采用不对称的造型设计，右侧领宽相对左侧更为贴体，前领口弧线呈倾斜造型（图2.22）。

2）**款式结构：**在原型基础上，右侧领口颈侧点处，沿肩线加长并上抬1.5cm，左侧领宽开宽1cm。前衣身偏襟宽度为10cm，重叠量为6cm，并在肩端点分别沿肩线收进2cm（图2.23）。

图2.22　不对称无领款式图

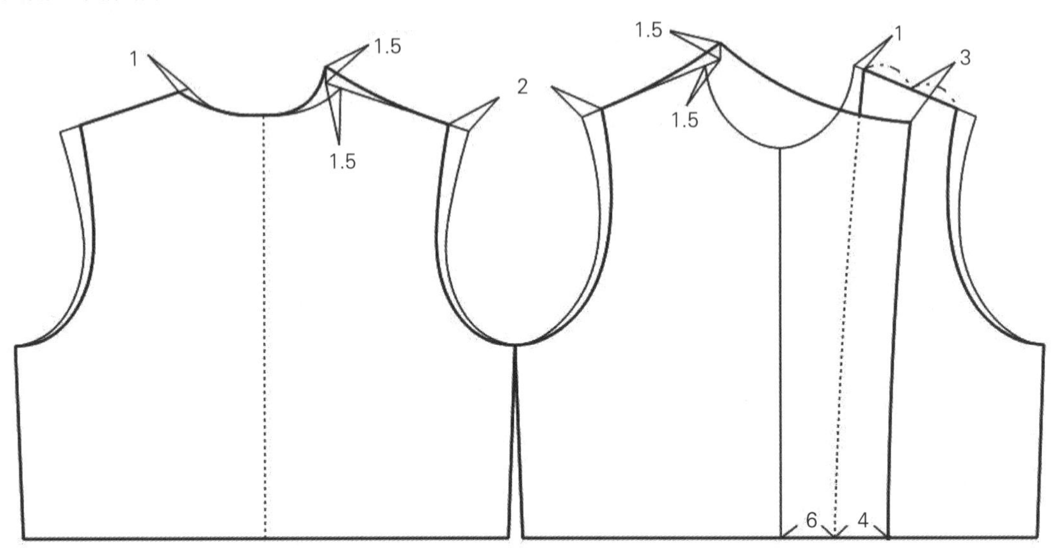

图2.23　不对称无领结构图

八、鸡心形无领

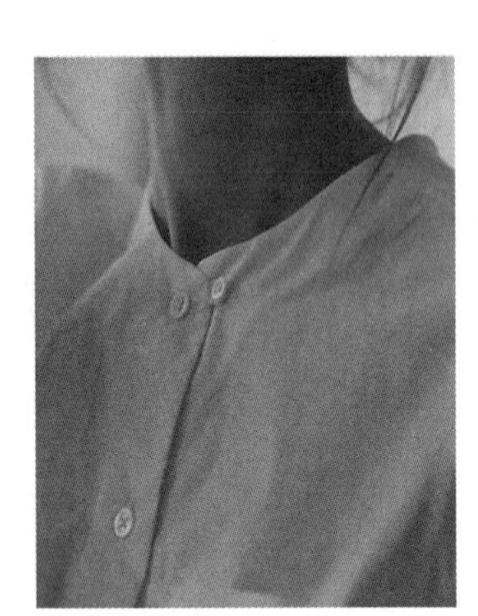

图2.24　鸡心形无领款式图

1）**款式特点：**该款为鸡心形无领。领深领宽基本保持原型领口的基本形状不变，只是在此基础上领宽略微加宽（图2.24）。

2）**款式结构：**在原型领口基础上，将前后领宽分别开宽0.5cm，领深为原型领深，前衣身搭门量采用1.7cm（图2.25）。

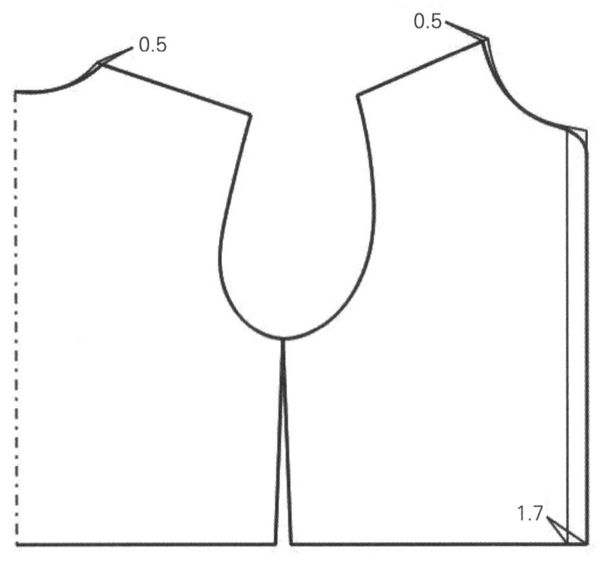

图2.25　鸡心形无领结构图

图2.26 方形抽褶无领款式图

九、方形抽褶无领

1）**款式特点：**该款属于方型无领，在前领口进行抽褶设计，领宽和领深相对原型尺寸分别进行加宽和加深，并沿着领口形状拼接领口形状的贴边，从视觉上形成单独绱领的感觉（图2.26）。

2）**款式结构：**将前衣身门襟重叠量设为1.5cm,领宽前后均加宽2cm,领深沿前中心线向下加深4cm,拼接领宽设为4cm（图2.27）。

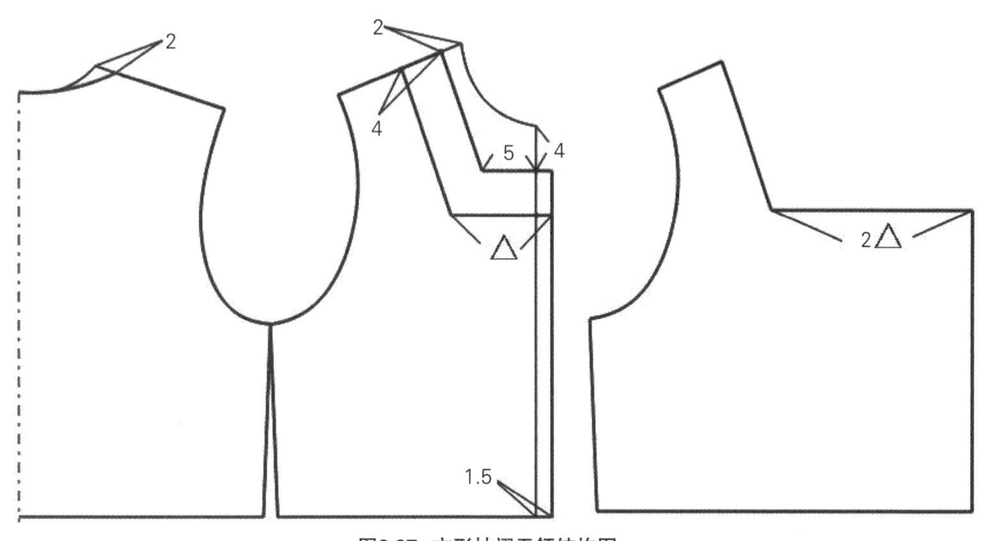

图2.27 方形抽褶无领结构图

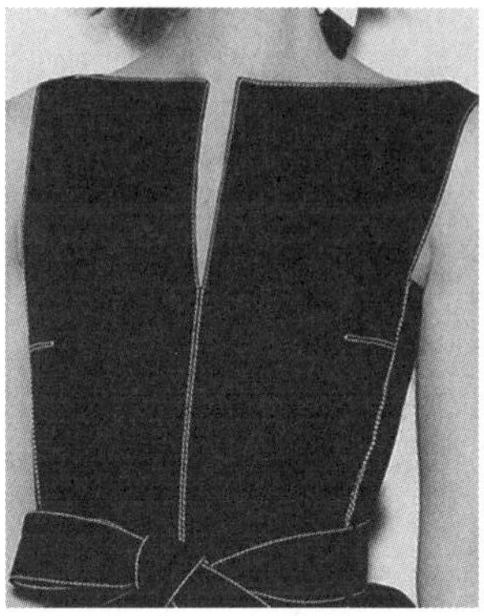

十、一字型无领

1）**款式特点：**该款属于无领中的“一字”领型。领宽相对较宽，领深较低，领口造型从视觉上呈“一”字造型，领口弧线在前中心线领深向下一段距离形成豁口，使得款式更加时尚、性感（图2.28）。

2）**款式结构：**在原型的基础上，前后领宽分别沿肩线加宽8cm，前片领宽向内收进1cm，并上抬2cm，后领深则加深1cm，前中心豁口距离为在原型领深的基础上向下15cm（图2.29）。

图2.28 一字形无领款式图

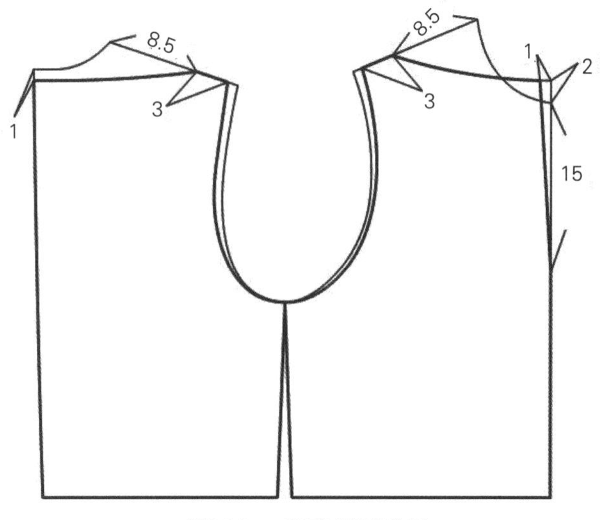

图2.29 一字形无领结构图

图2.30 偏襟圆形无领款式

十一、偏襟圆形无领

1）**款式特点**：该款无领领型属于偏襟圆型无领。领口弧线造型保持原型领口造型不变，右侧前衣身领口向左侧，沿领口顺延至左衣身肩线处顺势形成前衣身的偏襟造型（图2.30）。

2）**款式结构**：领宽及领深保持原型造型不变，右侧领口弧线顺延至左侧肩线，搭门宽2cm（图2.31）。

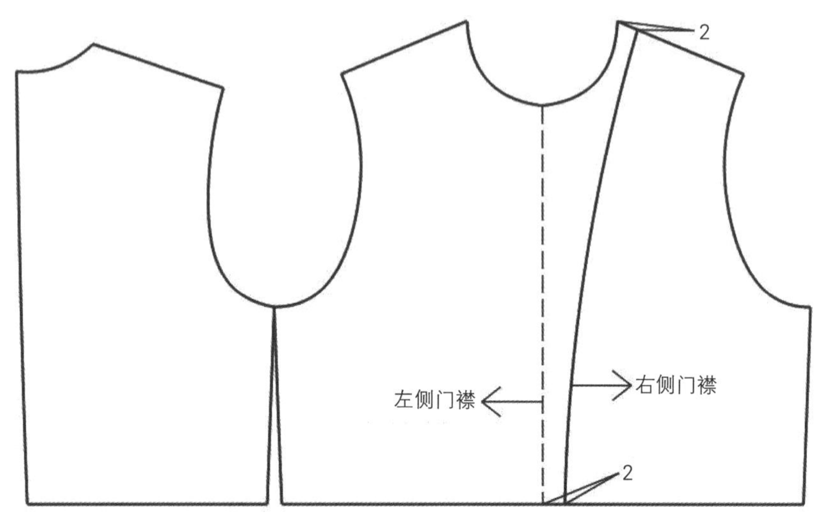

图2.31 偏襟圆形无领结构

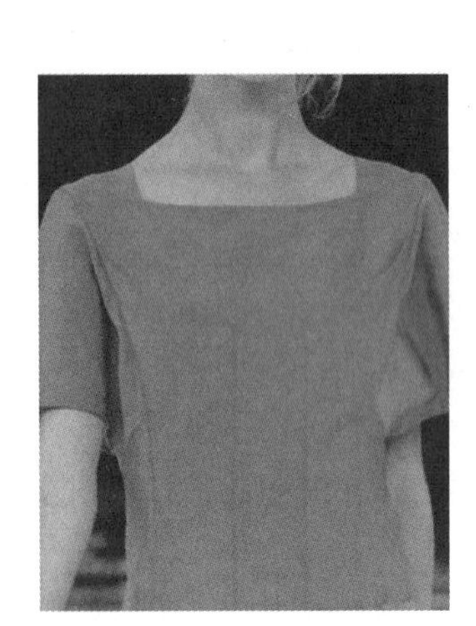

图2.32 方形无领款式图

十二、方形无领

1）**款式特点**：该款属于无领中方形领型。领宽在原型基础上开宽较大，领深则开深相对较小，在前肩处运用了拼接处理，整体领口造型呈方形，凸显简洁大方的气质（图2.32）。

2）**款式结构**：在原型基础上，量取前肩线的二分之一作为领宽开宽量，前领深沿前中心线开深3cm，与前肩线二分之一处下落部分进行连接，构成前领口弧线及肩部拼接，后领深开深1cm（图2.33）。

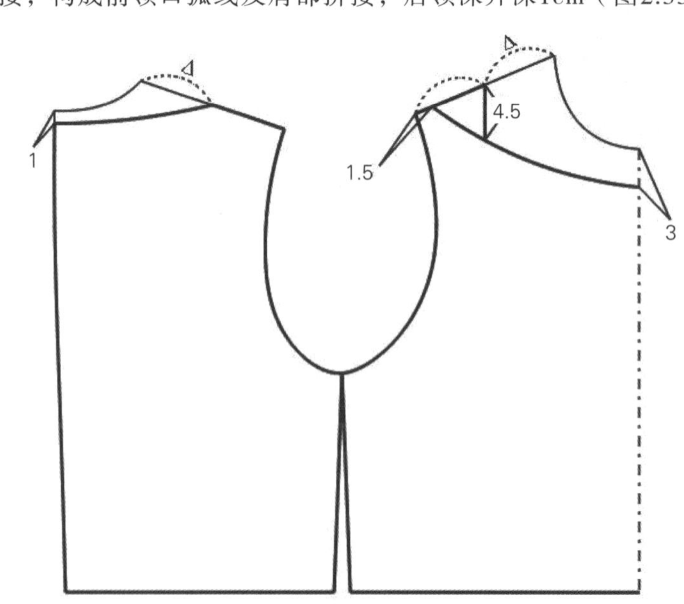

图2.33 方形无领结构图

图2.34 包边V形无领款式图

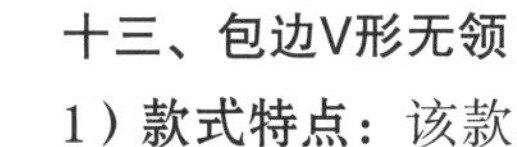

十三、包边V形无领

1）**款式特点：**该款具有包边V形无领的款式特点。在原型基础上领深和领宽均做出较大改动，而领深开深量最为突出，前衣身中心处作开深设计，并设有桃心形开敞（图2.34）。

2）**款式结构：**在原型基础上领宽开宽至距肩端点3cm处，后领口领深加深3cm，前领口领深在前中心处加深2cm，并向袖窿方向平移4.5cm，桃心开敞深距原型领深向下21cm，搭门量4.5cm（图2.35）。

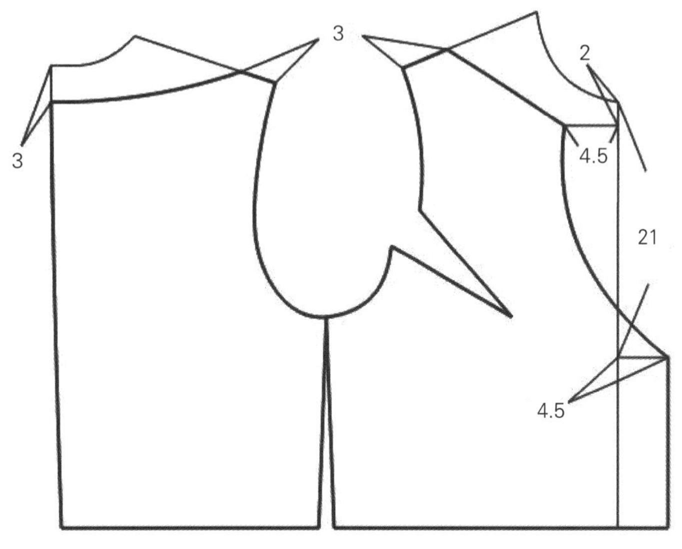

图2.35 包边V形无领结构图

图2.36 连身出领无领款式图

十四、连身出领无领

1）**款式特点：**该款属于无领中的连身出领造型。领宽相对合体，贴近人体颈部，同时沿肩线向上提升，领深在原型基础上有所开深，整体领口造型接近“V”字造型（图2.36）。

2）**款式结构：**在原型基础上前后领宽不变，前领口处沿前肩线斜向并向上提升，后领中心线处向上提升4.5cm，前领深开深至胸围线向上3cm处，门襟宽2cm（图2.37）。

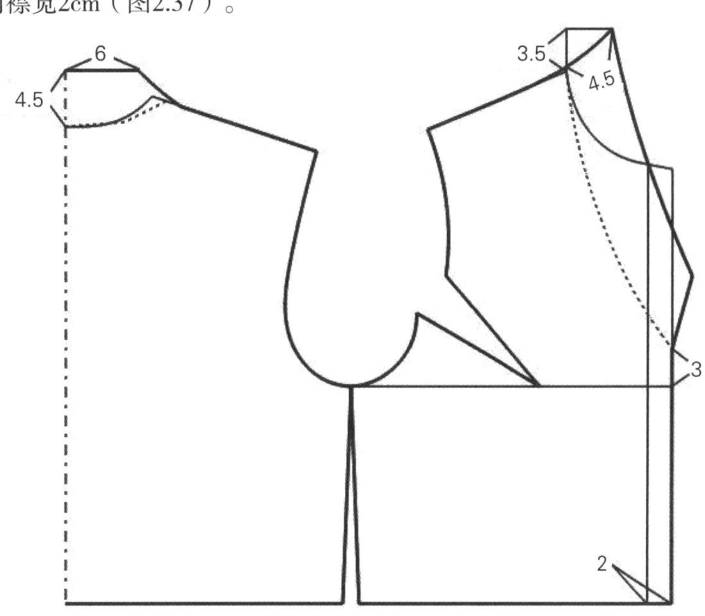

图2.37 连身出领无领结构图

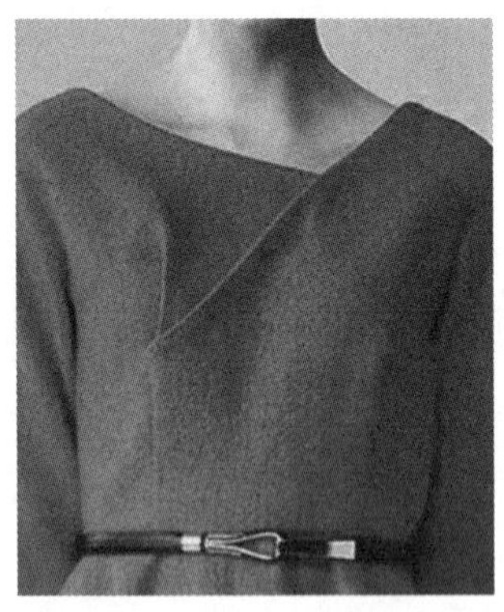

图2.38　不对称V形无领款式图

十五、不对称V形无领

1）**款式特点：**该领型在原型基础上设计改动较大，前衣身呈不对称V形无领造型。左右领口造型呈独特不对称状态，造型独特、极富设计感（图2.38）。

2）**款式结构：**在原型基础上将前后领宽沿肩线开宽至距肩端点5cm处，后领深向下开深2.5cm，左衣身前领深开深至胸围线，并偏移至右侧前衣身（图2.39）。

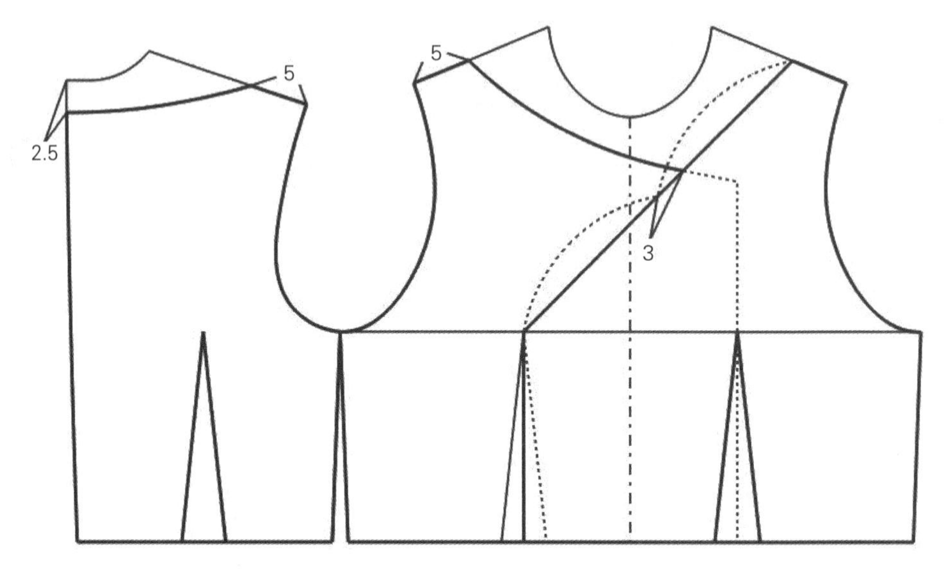

图2.39　不对称V形无领结构图

图2.40　连身一字无领款式图

十六、连身一字无领

1）**款式特点：**该领型属于连身出领与一字领的造型组合。在原型基础上领深向上提高，领宽有所开宽，整个领型款式给人以干练端庄的感觉（图2.40）。

2）**款式结构：**在原型的基础上前后领宽分别沿肩线开宽2cm，前领深沿领宽处上抬2cm，后领深沿后领宽处上抬1.5cm，后中心线处装拉链（图2.41）。

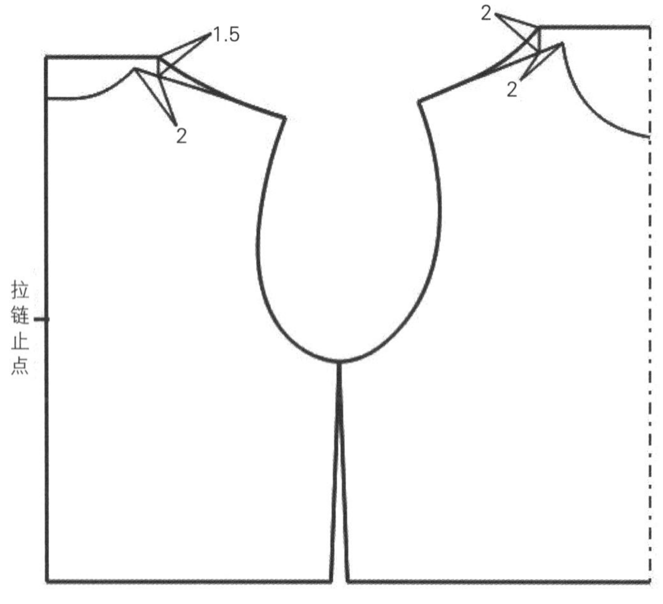

图2.41 连身一字无领结构图

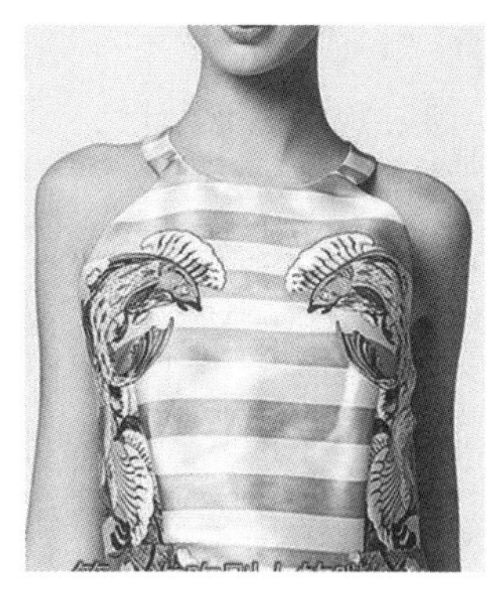

图2.42　拼接圆形无领款式图

十七、拼接圆形无领

1）**款式特点：**该领型总体造型属于无领中的圆领，领口部分在前颈处进行断开处理。领宽领深在原型基础上基本变化不大，领子整体造型由前衣身领口与环形领子共同构成（图2.42）。

2）**款式结构：**在原型基础上前后领深分别沿肩线开宽1cm，前领深开深1.5cm，后领深开深1cm，分别将前后领口弧线二分之一处作为分割点，将环形领子与衣身在此处断开，并将环形领宽设为3cm（图2.43）。

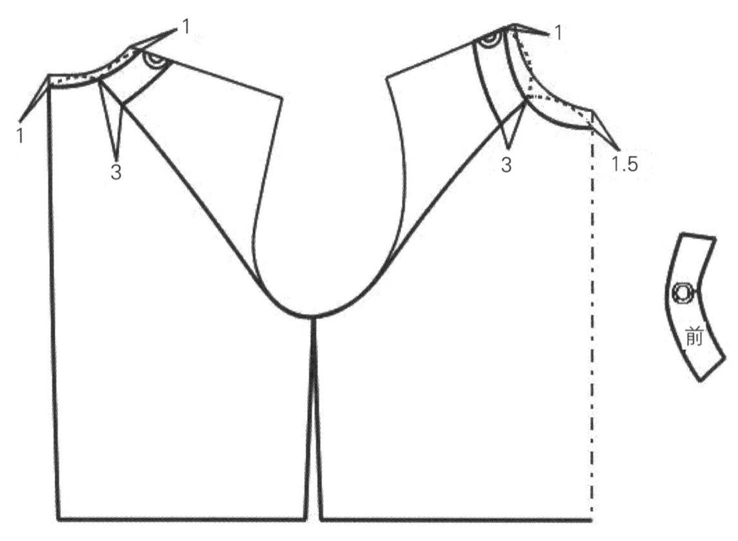

图2.43　拼接圆形无领结构图

图2.44　桃心形圆领款式图

十八、桃心形圆领

1）**款式特点：**该领型主要特点表现在前身桃心形结构造型。在原型基础上领宽领深均做出很大变动，整体领口尺寸加大（图2.44）。

2）**款式结构：**在原型基础上前后领宽分别沿肩线开宽至距肩端点2cm处，后领深开深5cm，前领深开深至胸围线向上6cm处，前衣身领口造型为桃心形弧线（图2.45）。

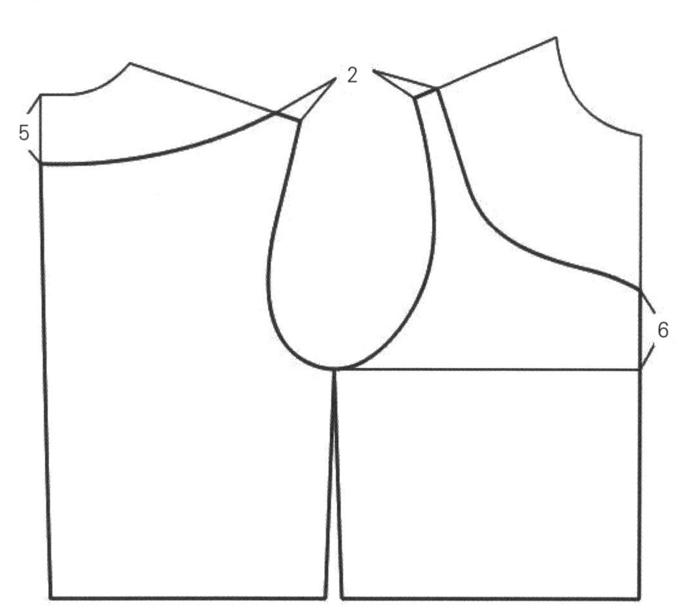

图2.45　桃心形圆领结构图

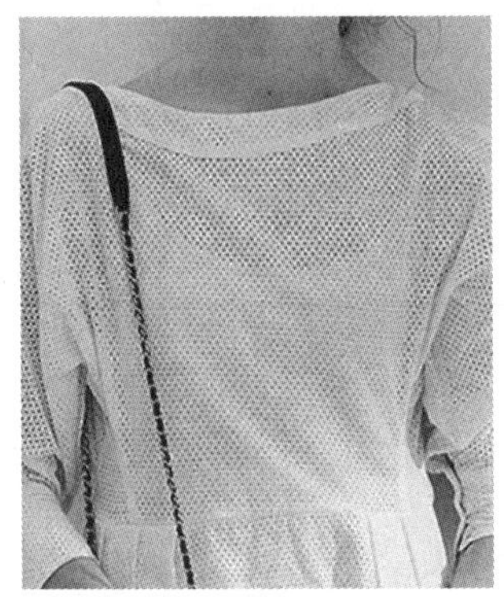

图2.46　椭圆形无领款式图

十九、椭圆型无领

1）**款式特点：**该领型接近于椭圆形造型，同时领口镶有贴边。领口宽松随意，造型简单，领口弧线接近“一”字造型（图2.46）。

2）**款式结构：**在原型的基础上前后领宽分别开宽至距肩端点4cm处，后领深开深5.5cm，前领深保持原型尺寸不变，领口镶边设为3cm宽（图2.47）。

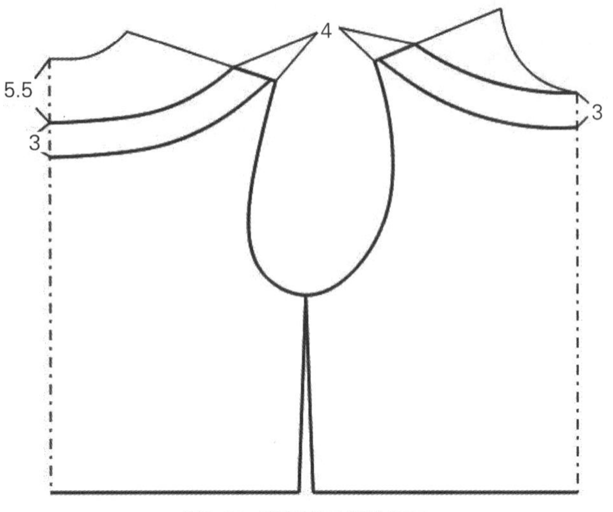

图2.47　椭圆形无领结构图

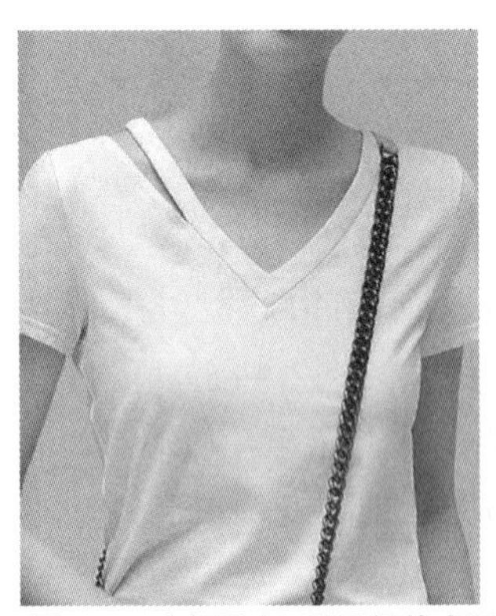

图2.48　肩部镂空V形无领款式图

二十、肩部镂空V形无领

1）**款式特点：**该领型属于无领中的V字领型，整个领口弧线与原型相比而言相对较大，但整体形状呈V字。在此基础上对领子一侧进行个性化设计，使其领子造型更加独特（图2.48）。

2）**款式结构：**在原型基础上前后领宽沿肩线分别加宽4cm，右侧领口在2cm领子贴边处，设有一个2cm的开敞造型，前领深开深至胸围线向上9cm处，后领深开深7.5cm（图2.49）。

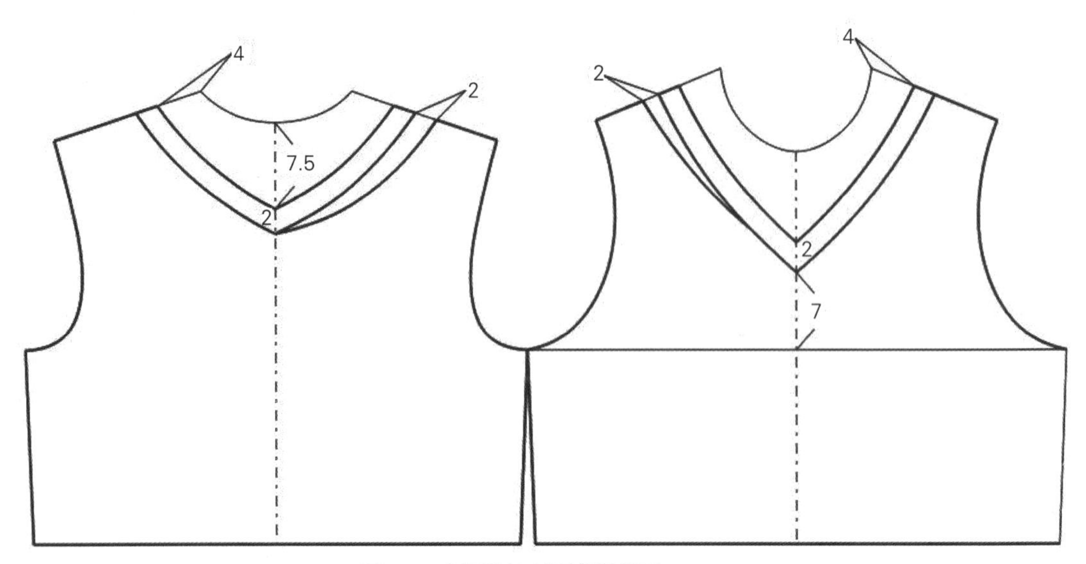

图2.49　肩部镂空V形无领结构图

二十一、前中心开口无领

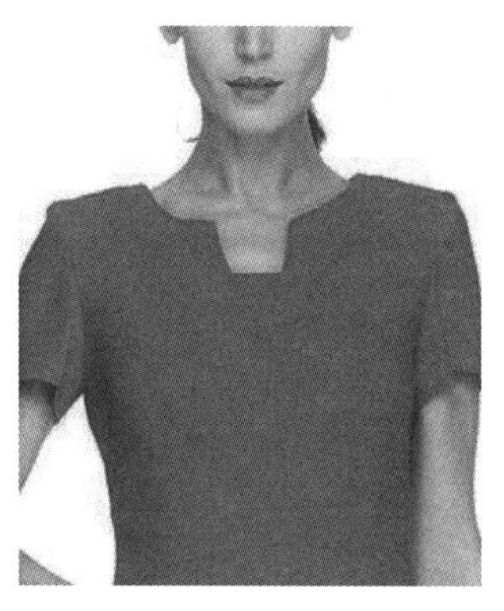

图2.50 前中心开口无领款式图

1）款式特点：该款前中心开口无领融合了基础圆领与V形领相结合的综合元素，线条简单流畅，富有创意，给人职业干练、优雅得体的视觉效应（图2.50）。

2）款式结构：在原型基础上前后领宽分别沿肩线加宽4cm，后领深开深0.5cm，前领深开深2cm，在此基础上下落14.5cm，形成"V"形领深（图2.51）。

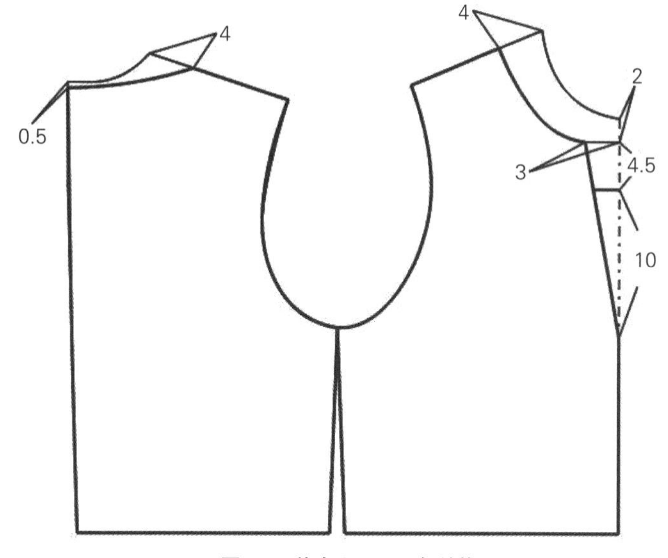

图2.51 前中心开口无领结构图

二十二、领深不对称无领

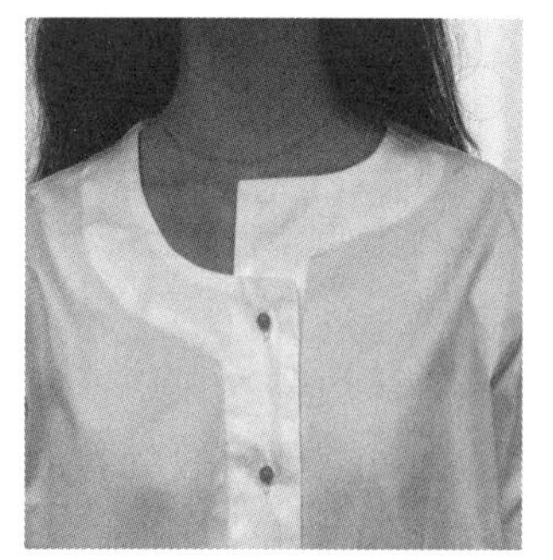

图2.52 领深不对称无领款式图

1）款式特点：该领型属于无领中的不对称领型。主要款式特点体现在左右不对称的前领深设计（图2.52）。

2）款式结构：在原型基础上前后领宽分别加宽1cm，右侧前领深在原型的基础上开深6cm，左侧领深保持原型尺寸不变（图2.53）。

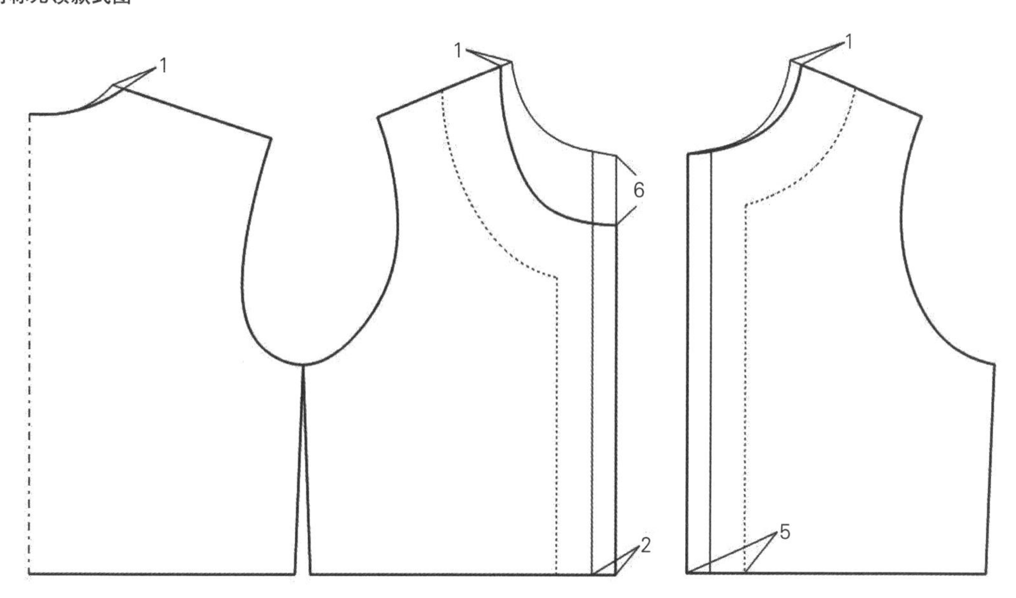

图2.53 领深不对称无领结构图

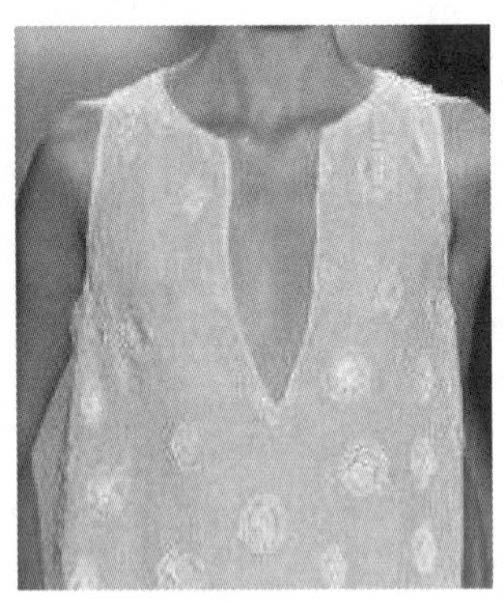

图2.54　圆形与V形结合无领款式图

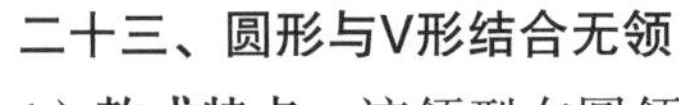

二十三、圆形与V形结合无领

1）**款式特点：**该领型在圆领领型的基础上，前衣身沿前中心线向下设有“V”形开口，从造型上属于圆领与”V”领的造型组合（图2.54）。

2）**款式结构：**在原型基础上前后领宽分别加宽2cm，后领深开深0.5cm，前领深沿前中心线开深至胸围线向上10cm处（图2.55）。

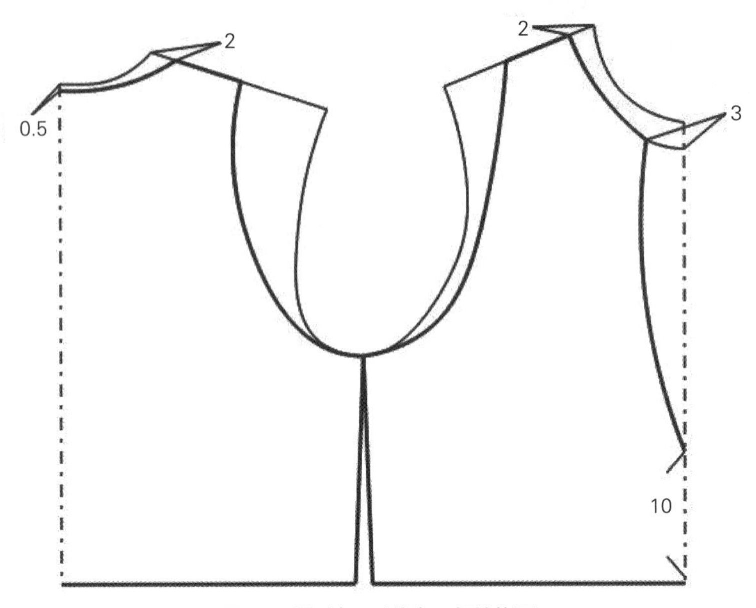

图2.55 圆形与V形结合无领结构图

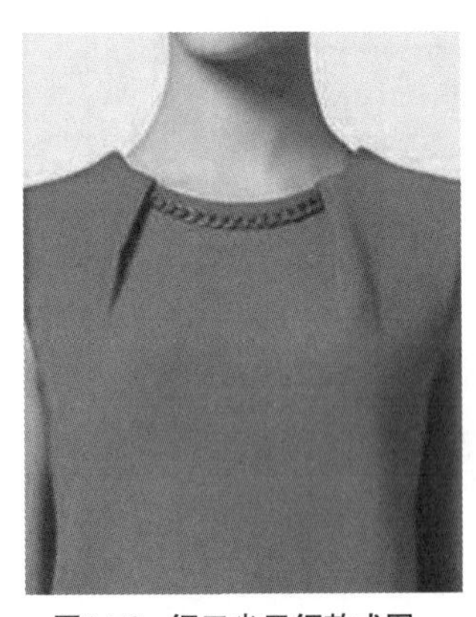

图2.56　领口省无领款式图

二十四、含领口省无领

1）**款式特点：**该款在前衣身通过胸省合并转移而形成两个领口省，衣身领口造型在原型基础上变化不大，整体款式造型简洁大方又不失时尚（图2.56）。

2）**款式结构：**在原型基础上前后领宽分别沿肩线加宽2cm,后领深开深0.5cm，前领深开深2cm，在前领口弧线二分之一处设置领口省位置，并与BP点相连接，合并袖窿省展开形成领口省（图2.57）。

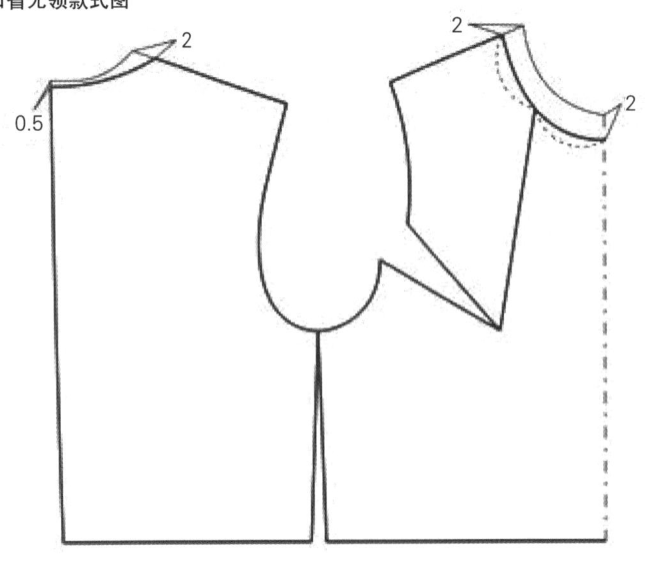

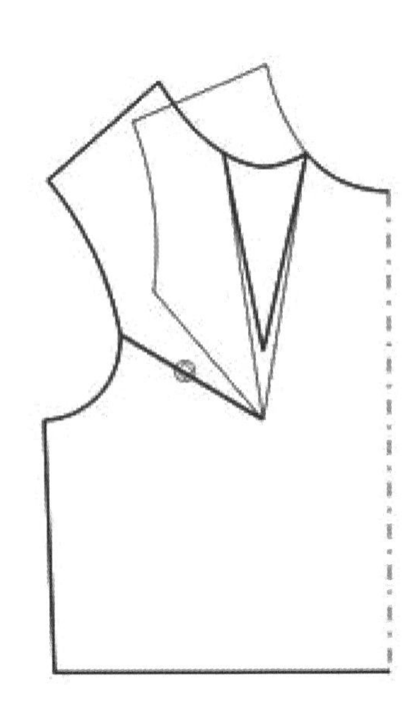

图2.57　领口省无领结构图

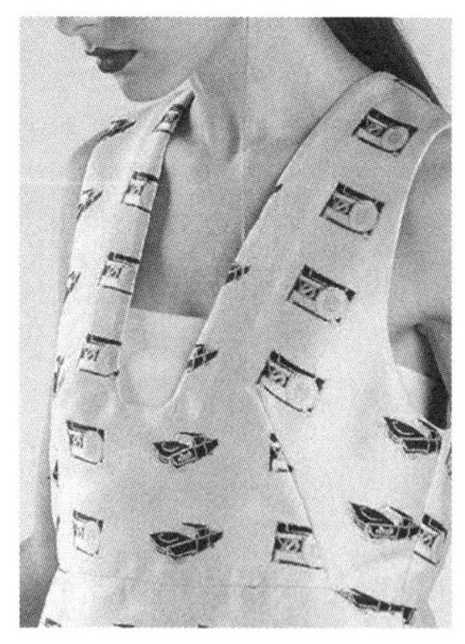

图2.58　梯形无领结构图

二十五、梯形无领

1）**款式特点：**该款在前衣身开深梯形的领口，至领深处呈方形的领口设计，整体款式造型简洁大方又不失性感（图2.58）。

2）**款式结构：**在原型基础上前后领宽分别沿肩线加宽2cm，后领深开深1cm，前领深开深至胸围线向下4cm处，肩端点收进3cm，将胸省合并并转移至腰围，形成腰省（图2.59）。

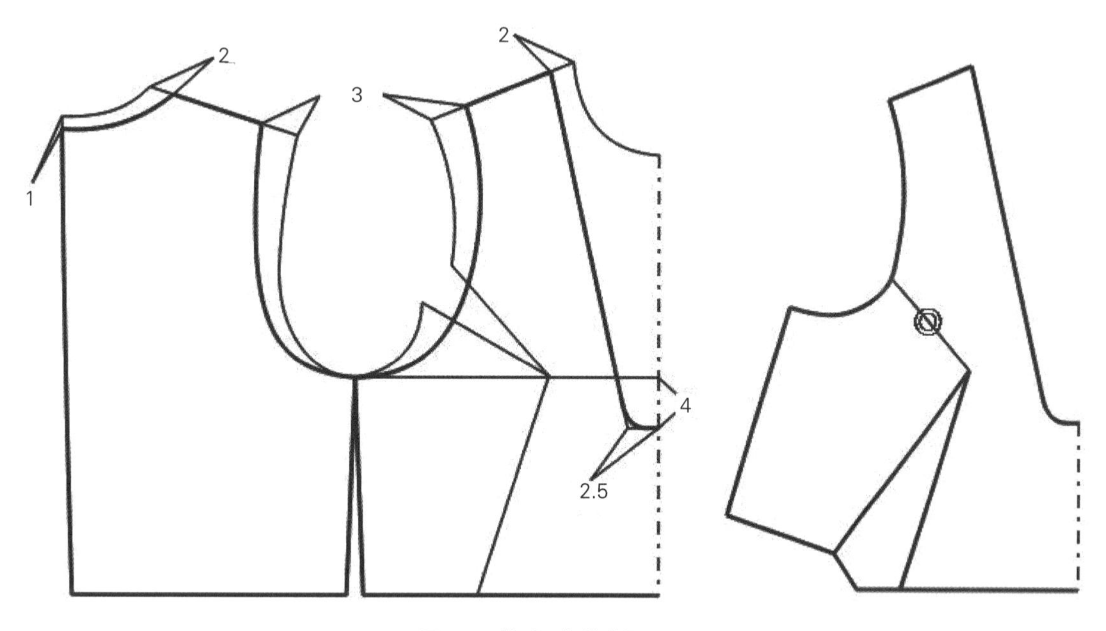

图2.59　梯形无领款式图

第三章

立领款式与结构设计

立领是指领子整体造型立在衣身领口之上的一种领型。立领由领下口线、领宽和外领口线三部分组成。立领所有的结构与造型的设计变化，也就是这三部分的变化。

第一节　立领的结构原理与造型变化

立领在结构上分为直立领、内倾立领和外倾立领。

一、直立领结构原理与造型变化

直立领结构是其他立领结构的变化基础。直立领的领下口线通常为水平的直线结构，外领口线与之平行，两者与领宽线呈90º直角造型。具体结构原理如图3.1，造型变化如图3.2。

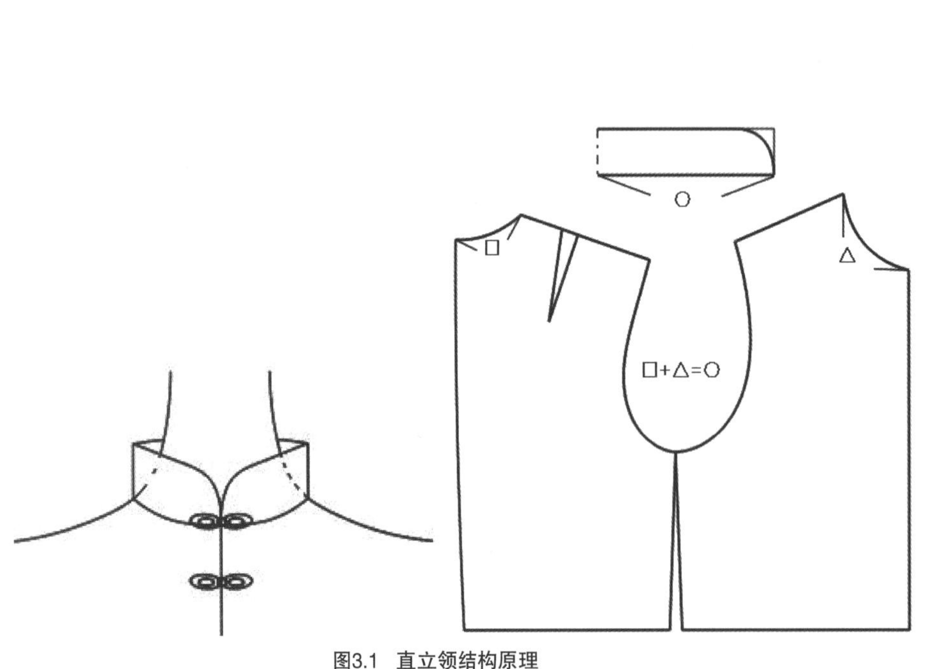

图3.1　直立领结构原理

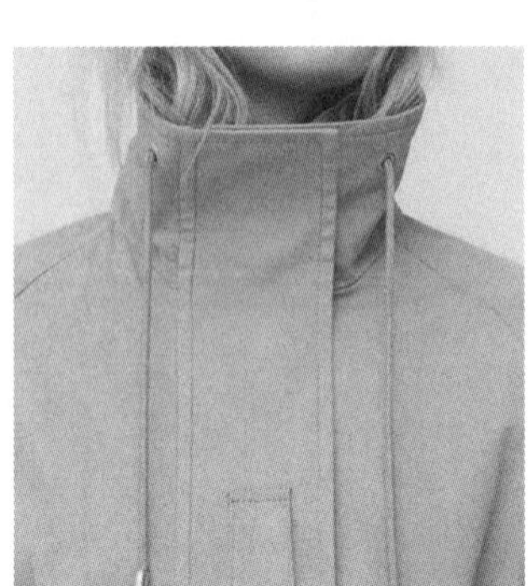

图3.2　直立领造型变化

二、内倾立领的结构原理与造型变化

内倾立领相对与直立领而言，领外口线尺寸要小于领下口线；同时，领下口线根据款式需要向上起翘，进行弧线结构设计，从而能使领子形成内倾的效果，更加贴近人体颈部。其结构变化原理如图3.3、造型变化如图3.4。

三、外倾立领结构原理与造型变化

外倾立领与内倾立领相反，领外口线大于领下口线，同时领下口线根据款式需要向下弯曲，进行弧线结构设计，从而能使领子形成外倾的效果，远离人体颈部。其结构变化原理如图3.5、造型变化如图3.6。

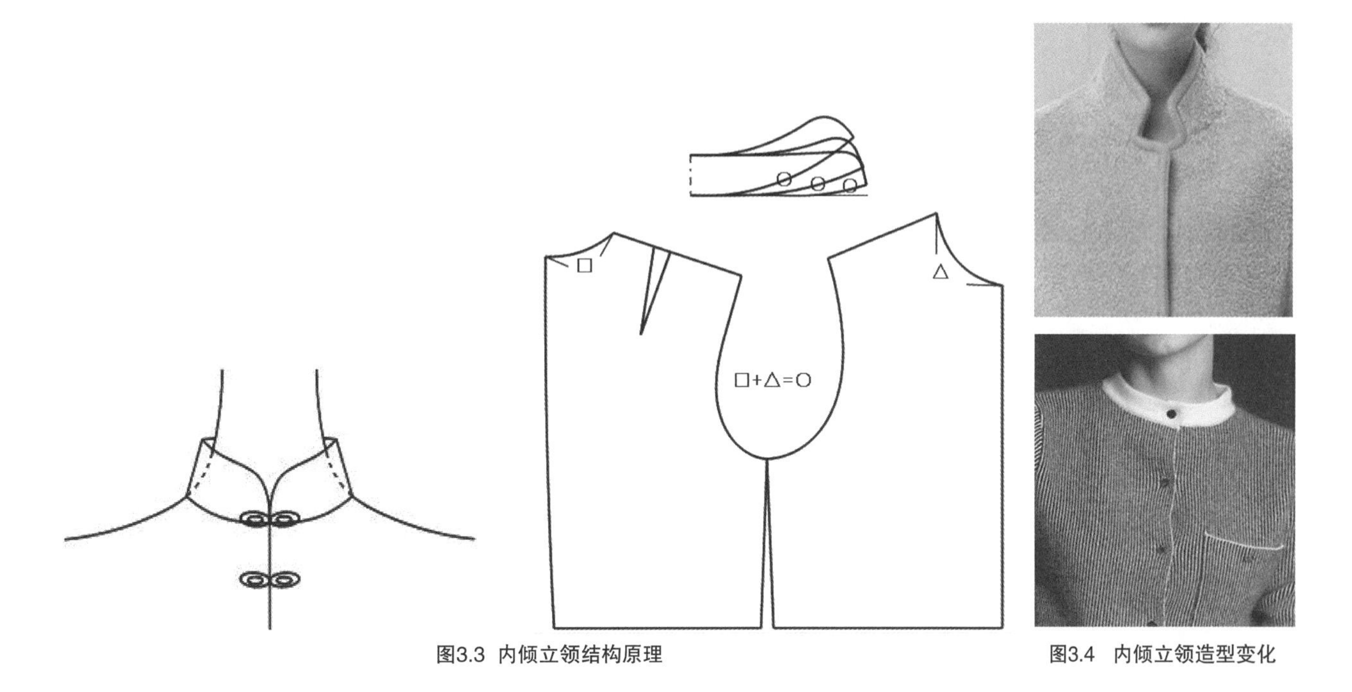

图3.3 内倾立领结构原理

图3.4 内倾立领造型变化

图3.5 外倾立领结构原理

图3.6 外倾立领造型变化

第二节 立领款式与结构设计实例

图3.7 连身立领款式图

一、连身立领

1）**款式特点：**该领型属于连身立领，也可以归属为无领范畴。其主要特点表现为领子部分与衣身相连，没有单独的领片，领口造型紧包颈部，使人显得更加挺拔（图3.7）。

2）**款式结构：**在原型领窝的基础上前后领宽保持不变，并沿肩线顺势上抬6cm形成立领宽，前领深在原型基础上开深8cm，后领深在原型基础上上抬4cm（图3.8）。

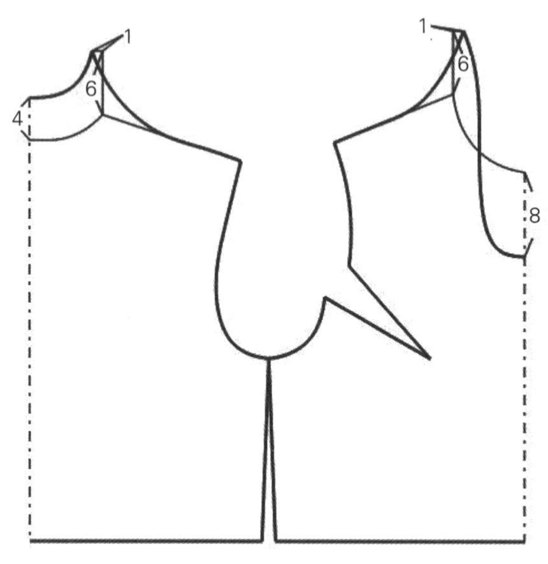

图3.8 连身立领结构图

图3.9 较贴体内倾立领款式图

二、较贴体内倾立领

1）**款式特点：**该款属于较贴体内倾立领。领口造型在原型基础上略有加大，领子上端略微贴近人体颈部（图3.9）。

2）**款式结构：**在原型领窝的基础上前后领宽均沿肩线开宽1.5cm，后领深开深0.5cm,前领深在原型基础上开深1cm。领宽设为6.5cm，前端起翘1.5cm（图3.10）。

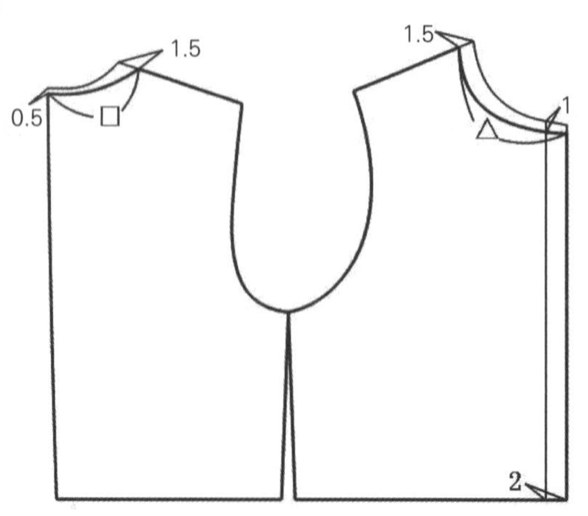

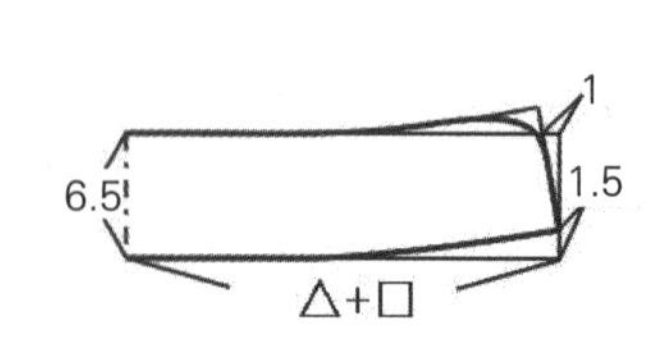

图3.10 较贴体内倾立领结构图

图3.11 不对称内倾立领款式图

三、不对称内倾立领

1）**款式特点**：该款属于不对称内倾立领。衣身领口造型呈深“V”形，领子造型左右不对称，具有极高的时尚感（图3.11）。

2）**款式结构**：在原型领窝的基础上前后领宽沿肩线加宽1cm,后领深保持原型领深不变，前领深开深至胸围线向下3cm处，领子造型在前衣身处为不对称结构，右侧前领宽4cm，左侧前领宽6cm（图3.12）。

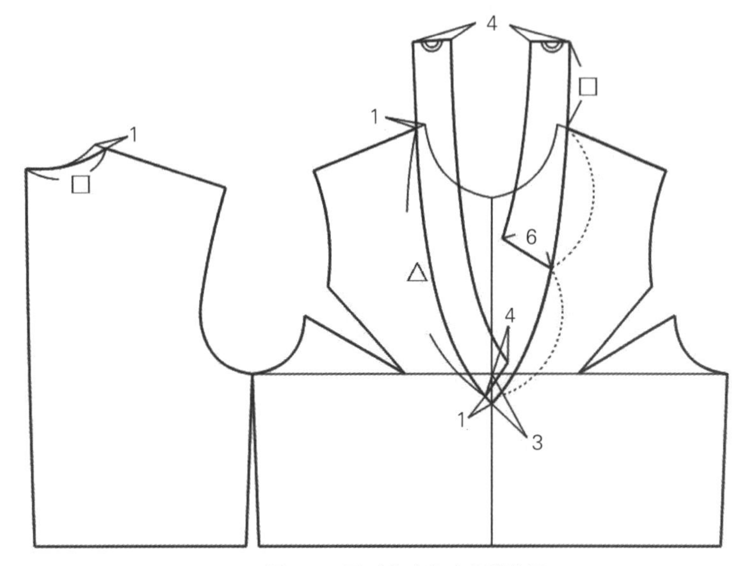

图3.12 不对称内倾立领结构图

图3.13 贴体直立领款式图

四、贴体直立领

1）**款式特点**：该款造型为贴体直立领，衣身止口处设有翻折设计，给人以职业干练的视觉效应（如图3.13）。

2）**款式结构**：衣身领口结构在原型领窝的基础上，前后领宽沿肩线加宽1cm，后领深保持原型领深不变，领子翻折部位采用仿形映射法进行制图，立领部分领宽设为5cm（图3.14）。

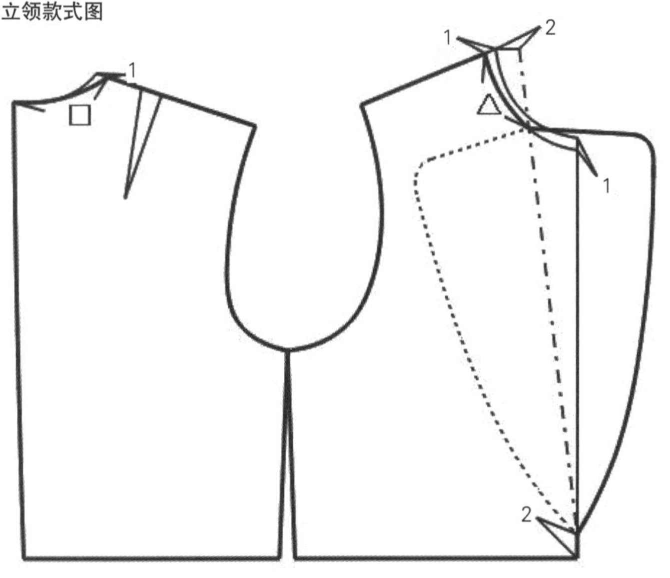

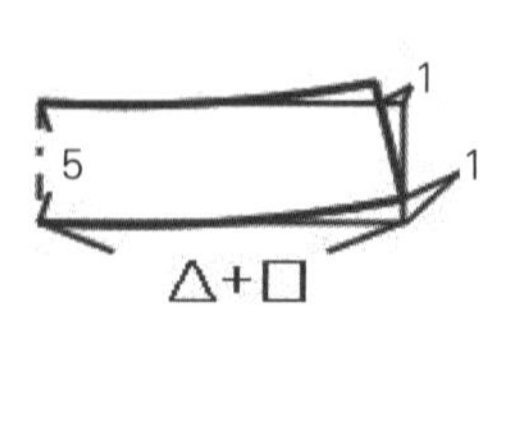

图3.14 贴体直立领结构图

五、褶裥立领

1）**款式特点：**该领型在直立领的基础上添加褶裥结构，同时前领中心处顺势延长形成飘带造型（图3.15）。

2）**款式结构：**在原型领窝的基础上，前后领宽沿肩线分别加宽1cm，后领深保持原型尺寸不变，前领深开深1cm。立领领宽10cm，领面上设有两条平行的直线褶裥，前中心处延长领子长度为25cm，作为飘带结构（图3.16）。

图3.15 褶裥立领款式图

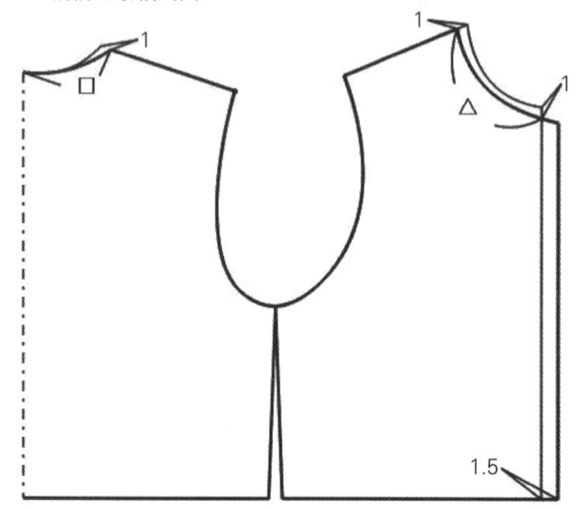

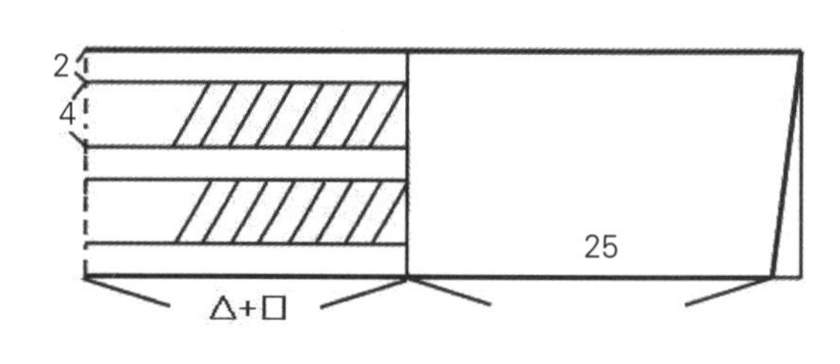

图3.16 褶裥立领结构图

六、领口省连身立领

1）**款式特点：**该款整体造型属于连身立领。前领中心处设有两个活裥，立领部分较为贴体，款式时尚独特（图3.17）。

2）**款式结构：**衣身领口结构在原型领窝的基础上，前后领宽分别沿肩线向上顺延2cm，同时上抬5cm形成领宽，止口明贴边设为4cm，通过合并袖窿省，展开领口省线得到领口省（图3.18）。

图3.17 领口省连身立领款式图

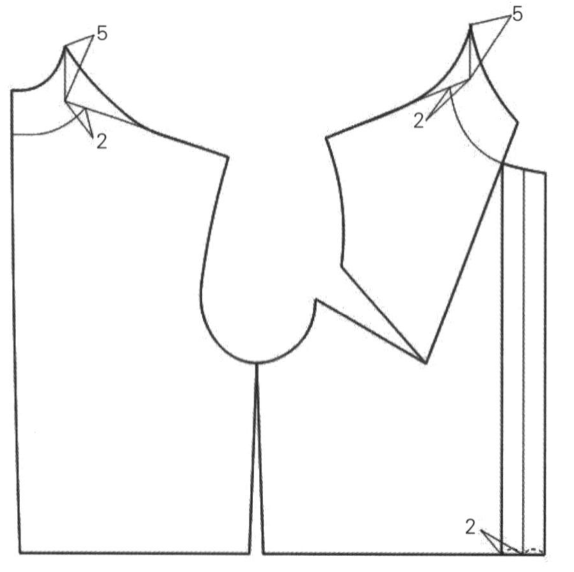

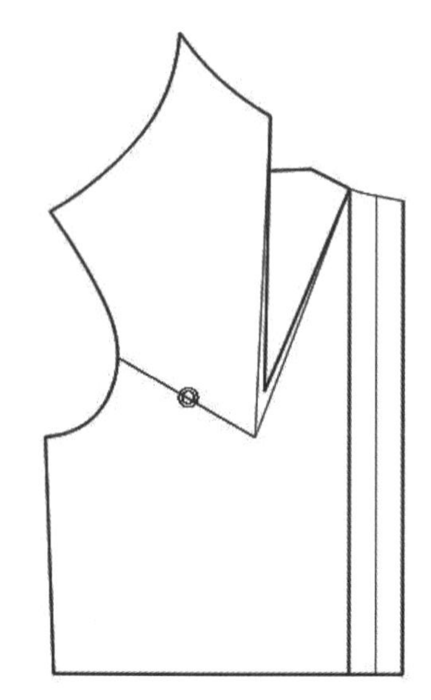

图3.18 领口省连身立领结构图

图3.19　花边装饰立领款式图

七、花边装饰立领

1）**款式特点：**该领型最突出的是其荷叶边装饰的造型。款式结构相对复杂，在直立领的基础上衣身领口造型也发生变化，同时在领子和衣身领口处添加花边，此领子使人看上去更加年轻、可爱（图3.19）。

2）**款式结构：**在原型领窝的基础上，前后领宽沿肩线加宽2cm，后衣身领深保持原型尺寸不变，前衣身领深为立领下口线位置，在此基础上继续开深6cm和13cm形成衣身领口造型。立领宽为3cm，呈内倾造型，花边宽度为4cm（图3.20）。

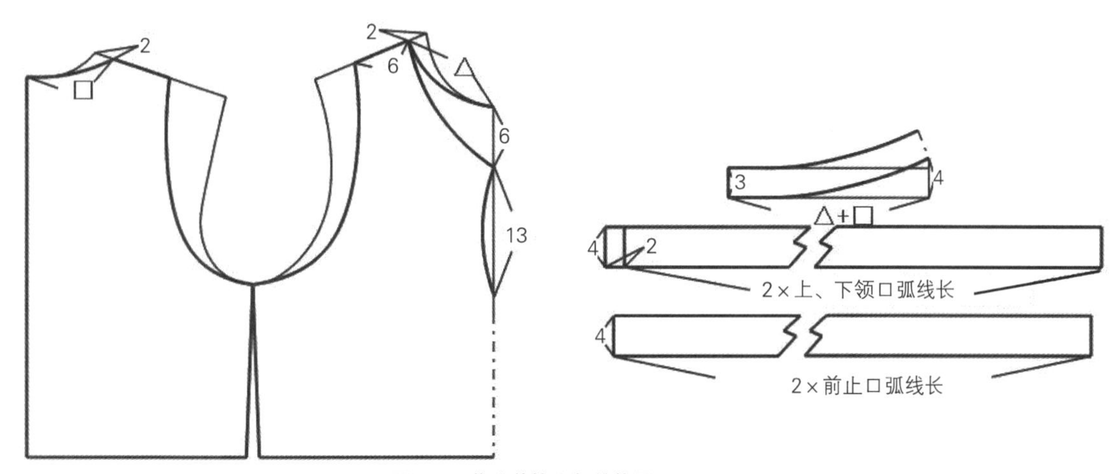

图3.20　花边装饰立领结构图

八、领口省内倾立领

1）**款式特点：**该款的领宽和领深在原型基础上均进行加大处理，领子整体远离人体颈部，领口弧线加长，使得领子结构相对宽松，具有宽松休闲的视觉效应.同时利用袖窿省的合并，展开形成领口省（图3.21）。

2）**款式结构：**在原型领窝的基础上，前后领宽均沿肩线开宽至距肩端点5cm处，后领深开深4cm，前领深在原型基础上开深7cm。领宽设为15cm（图3.22）。

图3.21　领口省内倾立领款式图

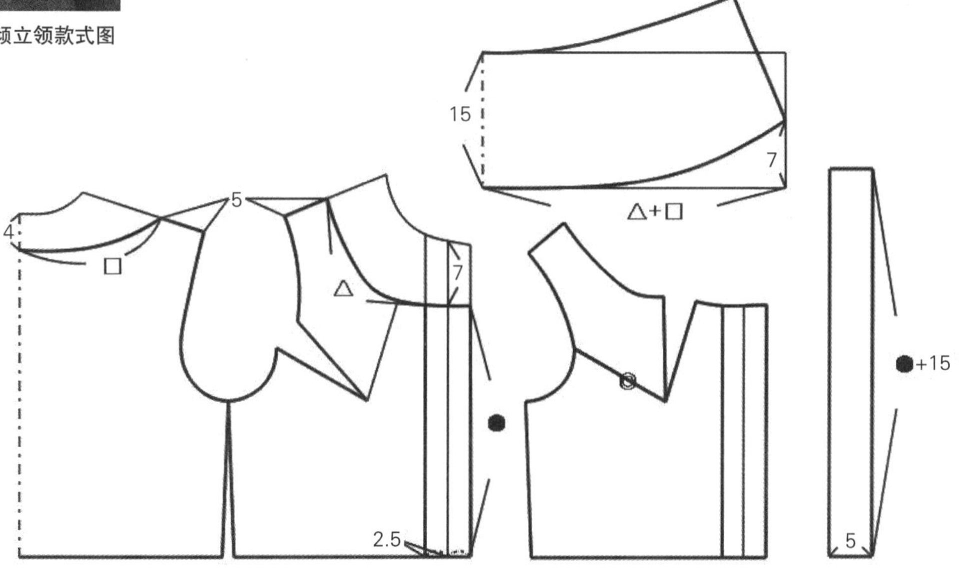

图3.22　领口省内倾立领结构图

图3.23　内倾贴体立领款式图

九、内倾贴体立领

1）**款式特点：**该款属于立领的内倾领型，领子内倾角度较大，完全贴合于领窝处。领深较原型领深变化不大，领宽开宽较大（图3.23）。

2）**款式结构：**在原型领窝的基础上，前后领宽沿肩线加宽4cm，后领深不变，前衣身领深开深0.5cm，前衣身止口上端设有15cm开口（图3.24）。

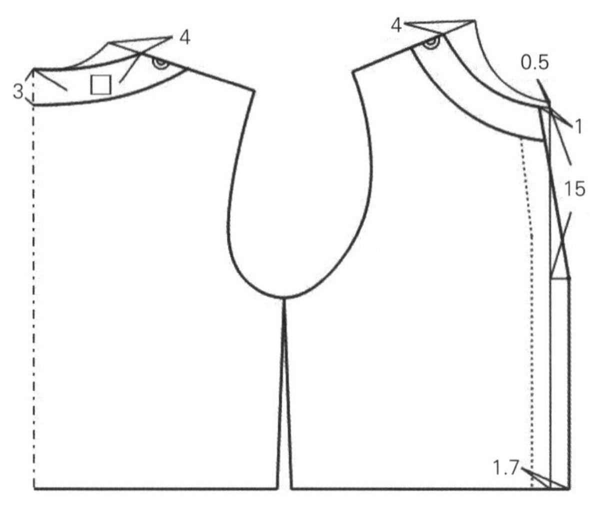

图3.24　内倾贴体立领结构图

图3.25　荷叶边装饰内倾立领款式图

十、荷叶边装饰内倾立领

1）**款式特点：**该款属于立领的内倾领型，领口到前衣身止口处的荷叶边，此领子使人看上去更加年轻可爱（图3.25）。

2）**款式结构：**在原型领窝的基础上，前后领宽沿肩线加宽1cm，领深保持原型尺寸不变，立领宽2.5cm，起翘3cm形成内倾立领，荷叶领部分按照仿形法制图，并进行剪开拉伸，使其形成波浪（图3.26）。

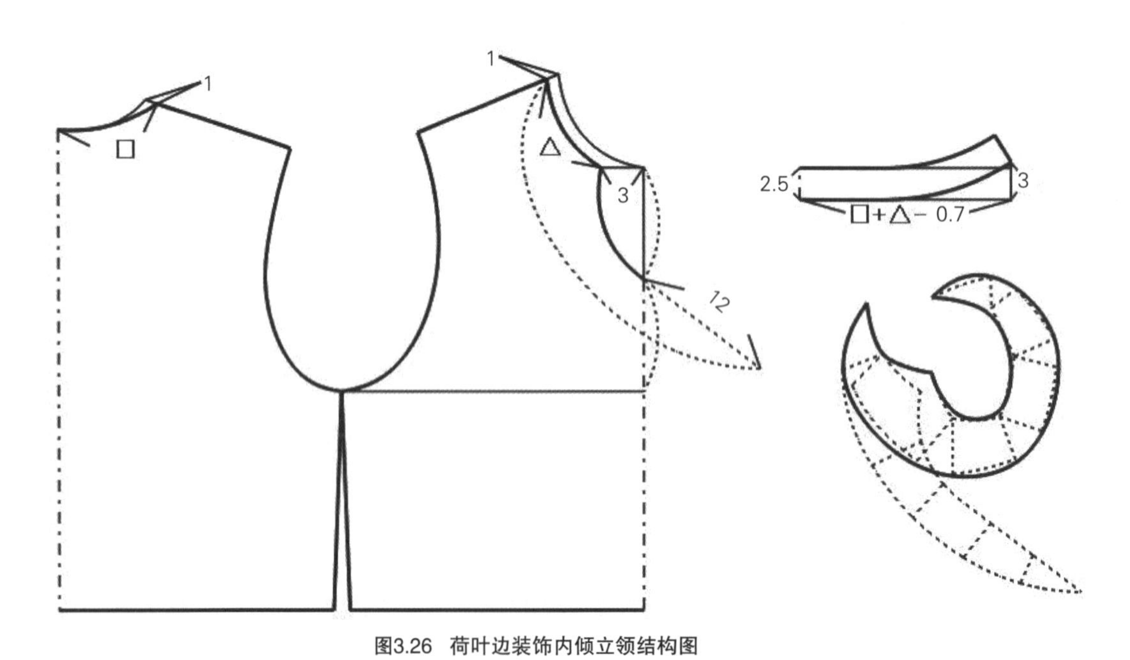

图3.26　荷叶边装饰内倾立领结构图

图3.27 镶边V形领口立领款式图

十一、镶边V形领口立领

1）**款式特点**：该款的立领部分属于直立领，并在领口进行镶边设计，衣身领口开深呈深“V”造型，给人耳目一新的时尚感（图3.27）。

2）**款式结构**：在原型领窝的基础上，前后领宽沿肩线加宽1cm，后衣身领深保持原型尺寸不变，前衣身领深开深至胸围线向下5cm处（图3.28）。

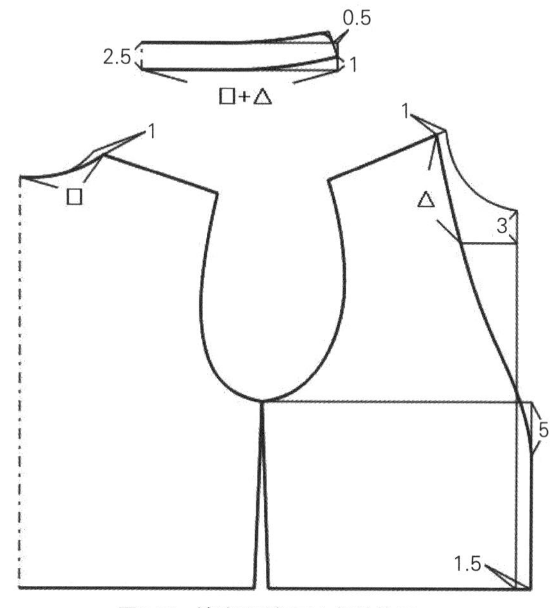

图3.28 镶边V形领口立领结构图

图3.29 V形贴边立领款式图

十二、V形贴边立领

1）**款式特点**：该款在立领基础上加深前衣身领口，并设有较宽的“V”领贴边，整个款式造型休闲时尚，并极具活力（图3.29）。

2）**款式结构**：衣身领宽及后领深保持原型尺寸不变，前领深开深至腰围向上4cm处，“V”字领宽为8cm，立领宽3cm（图3.30）。

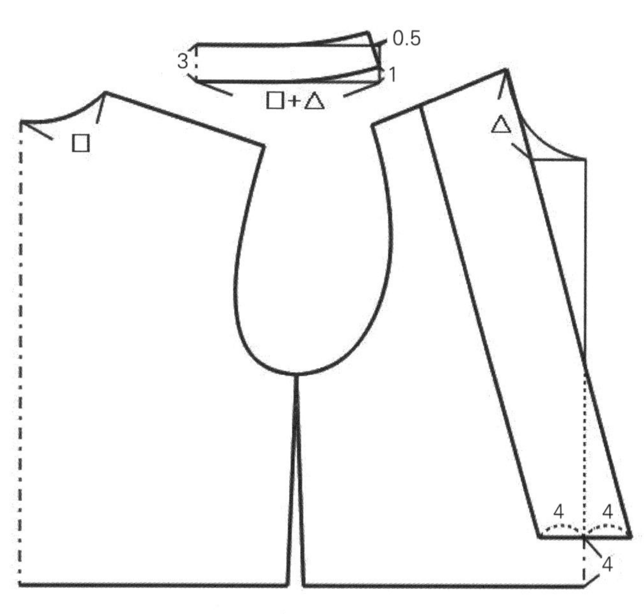

图3.30 V形贴边立领结构图

图3.31　贴体连身立领款式图

十三、贴体连身立领

1）**款式特点：**该款属于立领的连身立领。立领部分呈内倾，比较贴近人体颈部，视觉上将人体颈部拉长（图3.31）。

2）**款式结构：**在原型领窝的基础上，前后衣身颈侧点上抬4cm形成立领高，前衣身领深开深3.5cm（图3.32）。

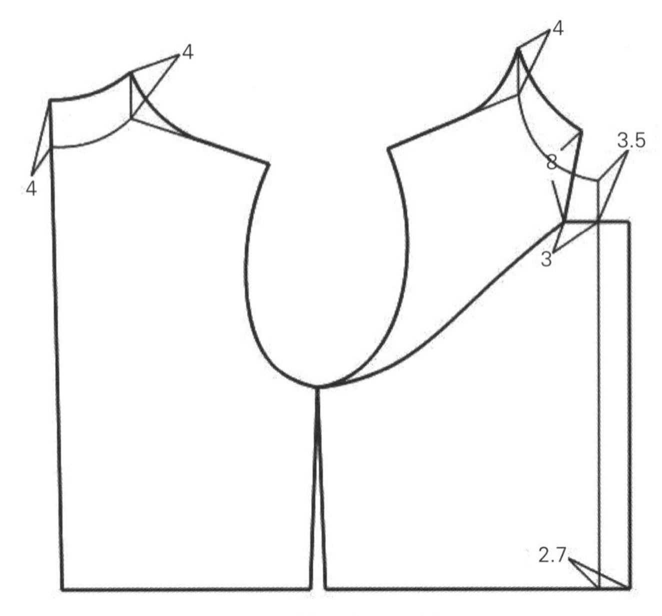

图3.32　贴体连身立领结构图

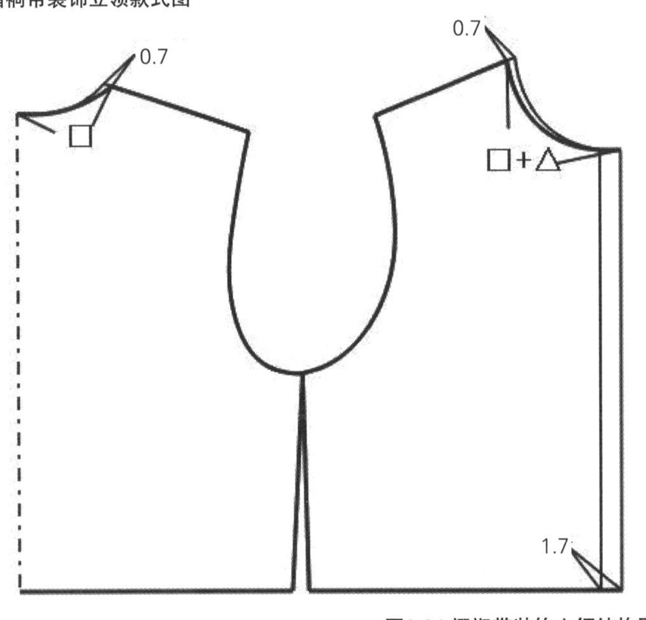

图3.33　褶裥带装饰立领款式图

十四、褶裥带装饰立领

1）**款式特点：**该款属于立领的直立领。款式特点体现在前领中心向左侧突出的褶裥领带，使原本中规中矩的造型变得与众不同（图3.33）。

2）**款式结构：**在原型领窝的基础上，前后领宽沿肩线加宽0.7cm，领深保持原型尺寸不变，立领部分为直立造型，领宽5cm（图3.34）。

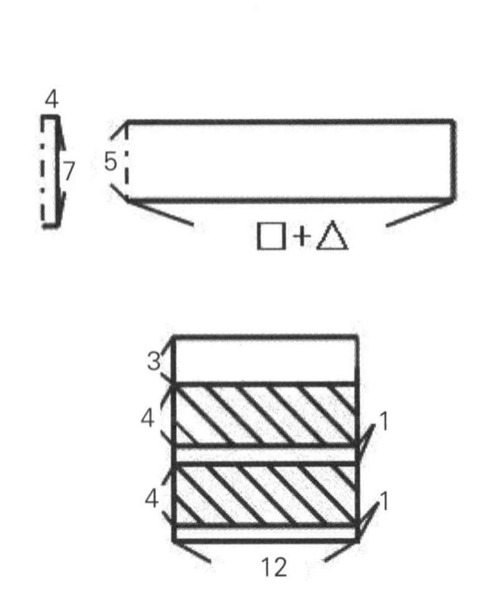

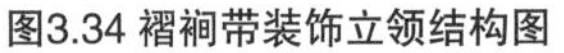

图3.34 褶裥带装饰立领结构图

图3.35 V形领口贴体立领款式图

十五、V形领口贴体立领

1）**款式特点：**该款总体造型属于内倾立领，领深在原型基础上相对开深，领宽基本不变，整个风格显得休闲随意（图3.35）。

2）**款式结构：**在原型领窝基础上，前后领宽沿肩线加宽1cm，前领深开深1cm，立领宽2.5cm，起翘4cm，前衣身门襟位置设有"V"形敞口（图3.36）。

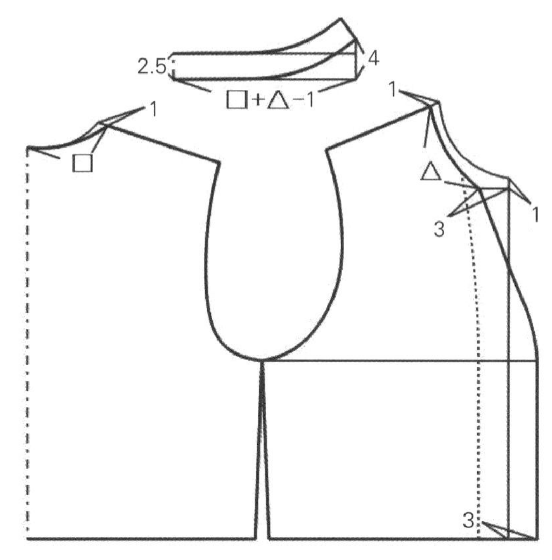

图3.36 V形领口贴体立领结构图

图3.37 偏襟宽领口立领款式图

十六、偏襟宽领口立领

1）**款式特点：**该款衣身领口加宽较大，立领造型相对宽松，远离人体颈部，与前身的圆形偏襟设计相结合，使整个领子款式既传统又不失独特（图3.37)。

2）**款式结构：**在原型领窝的基础上，前后领宽沿肩线分别加宽3cm，前后领深分别开深1cm，立领宽度设为3.5cm，前衣身偏襟宽度为8cm（图3.38）。

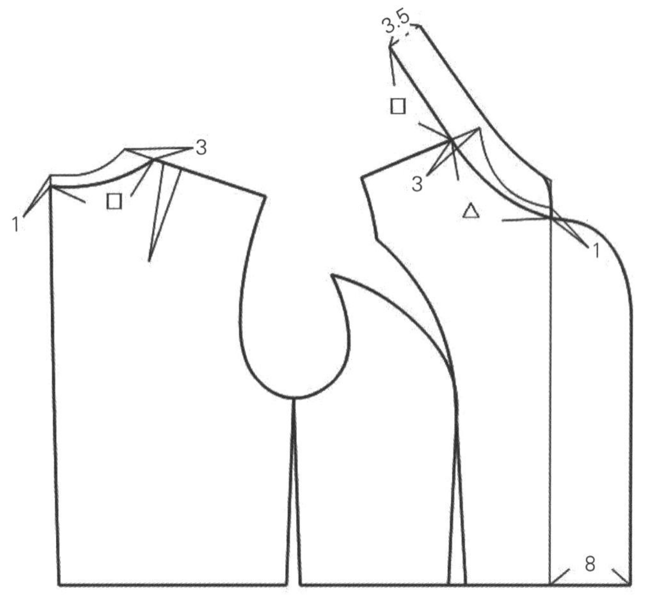

图3.38 偏襟宽领口立领结构图

图3.39　肩省连身立领款式图

十七、肩省连身立领

1）**款式特点：**该款属于连身立领。同时通过肩部的肩省设计，加强了领子的立体感（图3.39）。

2）**款式结构：**在原型领窝的基础上，沿领口弧线上抬4cm确定立领高，前领深沿原型领窝上抬3.5cm，后领深上抬5cm，通过袖窿省部分合并展开2cm肩省（图3.40）。

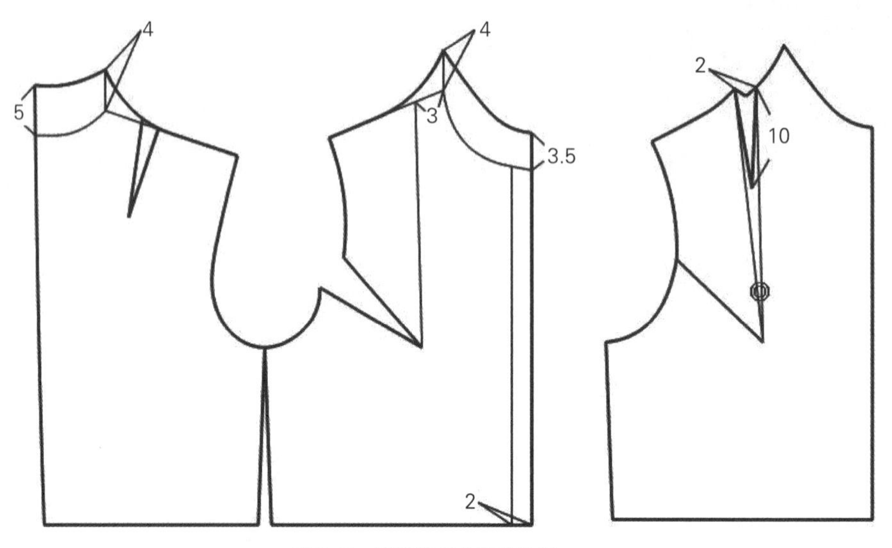

图3.40　肩省连身立领结构图

图3.41　前中心重叠立领款式图

十八、前中心重叠立领

1）**款式特点：**该款领型的前中心重叠设计是整个领子造型的亮点。在衣身前中心处从右侧向左侧设有一个活褶，这使整个领子看起来更具有立体设计感（图3.41）。

2）**款式结构：**在原型领窝的基础上，前后领宽沿肩线分别加宽0.5cm，后领深在原型基础上保持不变，前领深开深1cm，领宽4cm,合并袖窿省及腰省展开形成前领口活褶量（图3.42、图3.43）。

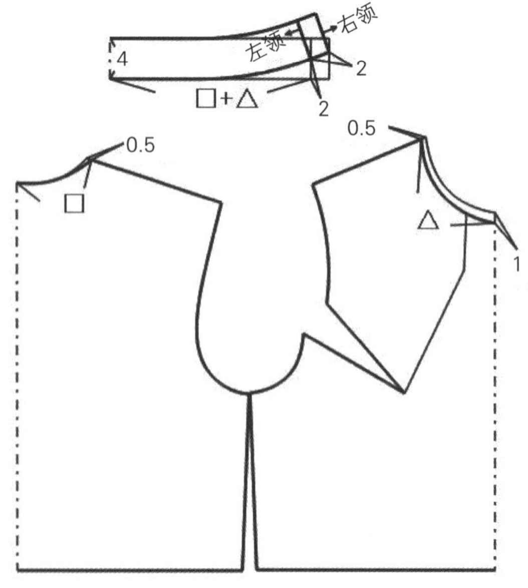

图3.42　前中心重叠立领结构图

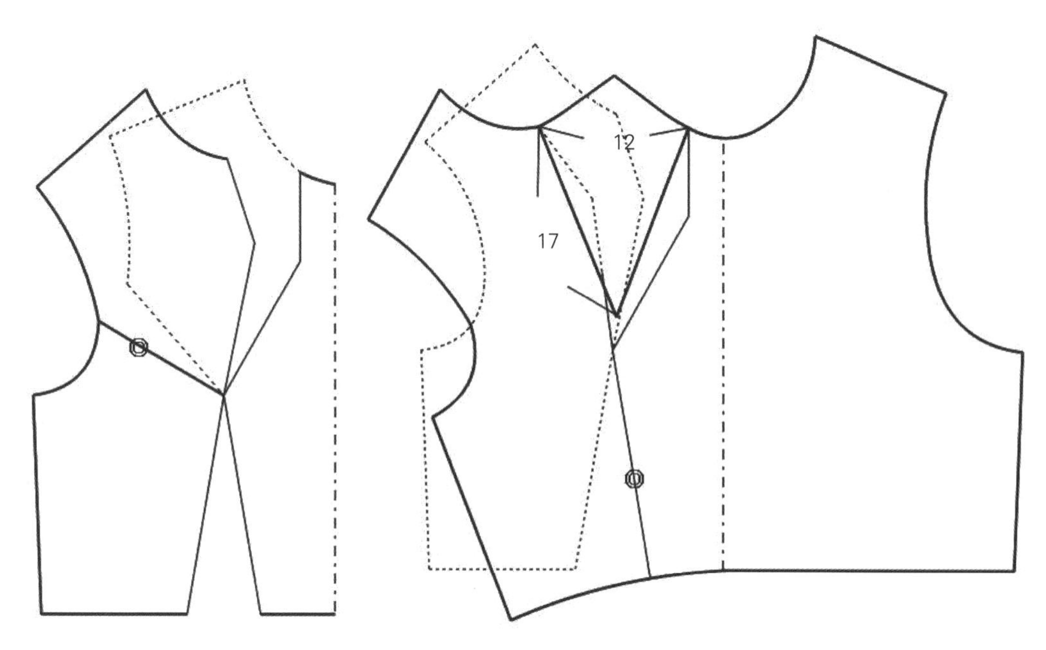

图3.43 前中心重叠立领结构图

图3.44 领口不对称立领款式图

十九、领口不对称立领

1）**款式特点**：该款领型在基础立领的基础上采用不对称领口设计，同时添加了无领及荷叶边的装饰元素，既保留了立领的款式特征，又通过加深领口及荷叶边的设计，丰富了款式内容，使款式变得新颖独特（图3.44）。

2）**款式结构**：在原型领窝的基础上，前后领宽沿肩线分别加宽1cm，后领深保持原型尺寸不变，前衣身右侧领深开深6cm，左侧领深保持不变，立领宽度设为3cm，荷叶边宽度设为18cm（图3.45）。

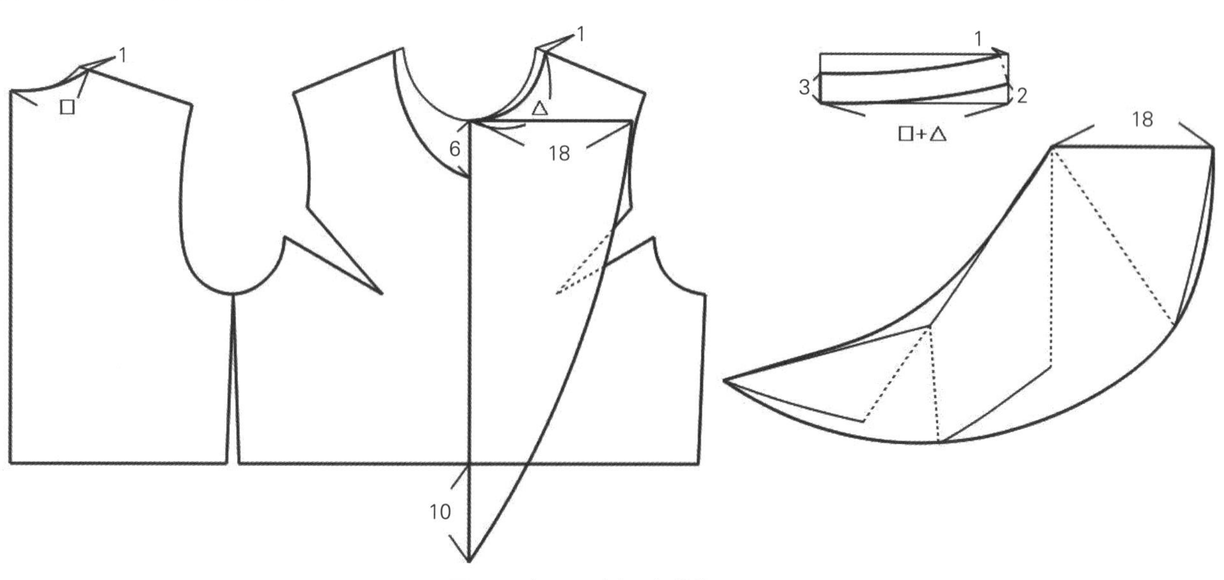

图3.45 领口不对称立领结构图

二十、抽褶装饰直立领

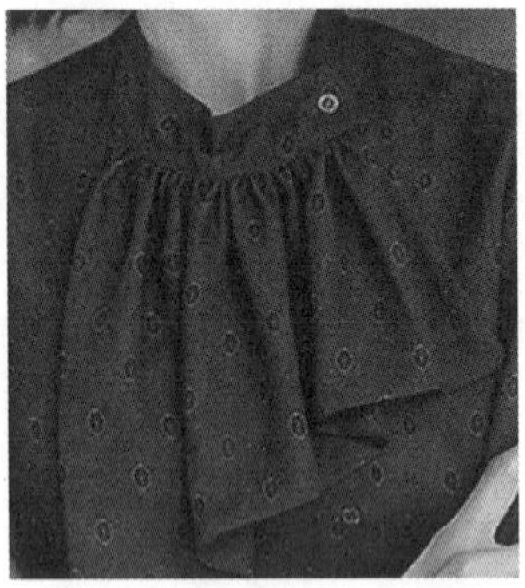

1）款式特点：该款领型在立领基础上将领子搭门进行偏襟设计，并设有不规则的自然褶荷叶边，增加了领子的动感与活力（图3.46）。

2）款式结构：在原型领窝的基础上，前后领宽沿肩线分别加宽0.5cm，后领深保持原型尺寸不变，前领深开深1cm，立领宽度设为4cm，前衣身偏襟宽度为6cm，立领搭门宽为1.7cm（图3.47）。

图3.46 抽褶装饰直立领款式图

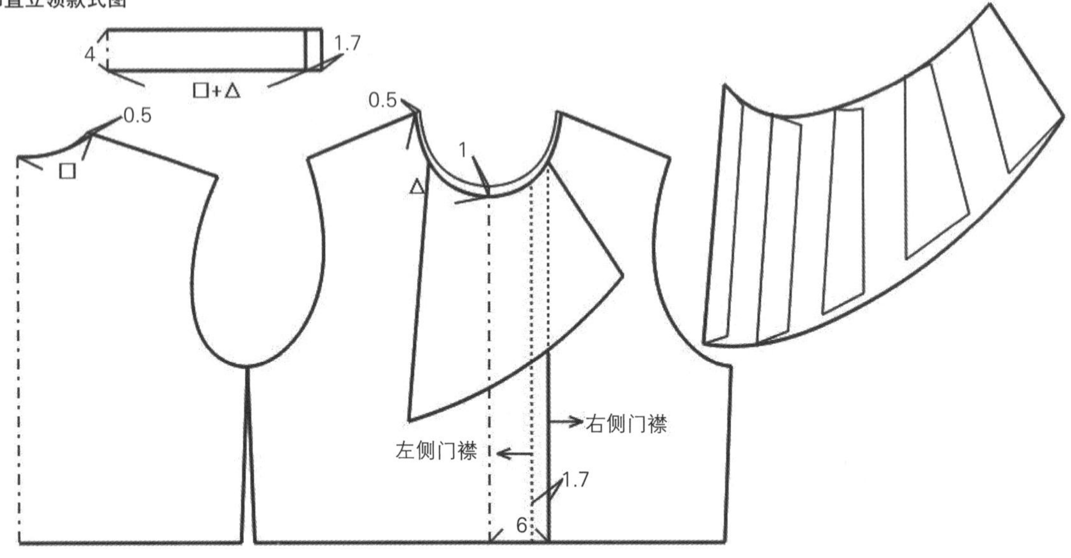

图3.47 抽褶装饰直立领结构图

二十一、交叉系扣立领

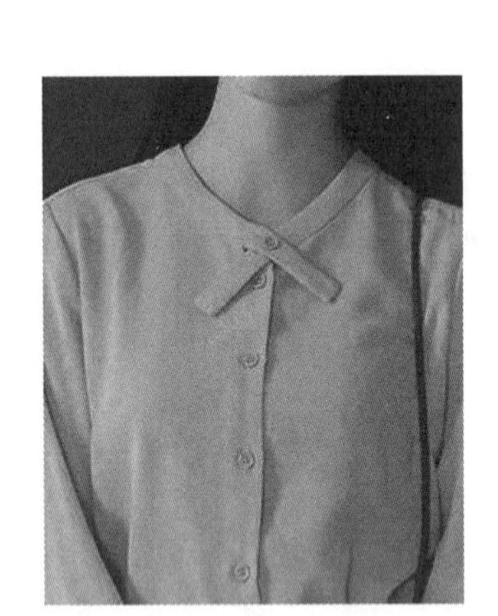

图3.48 交叉系扣立领款式图

1）款式特点：该款独特之处在于前领口的交叉系扣造型设计。立领倒伏于人体上，与人体呈贴附状态，立领前中心处沿领子造型向外顺延，交叉系扣形成飘带造型（如图3.48）。

2）款式结构：在原型领窝的基础上，前后领宽沿肩线分别加宽1cm，前领深加深3cm，并顺势延长领口弧线8cm，领宽2cm（图3.49）。

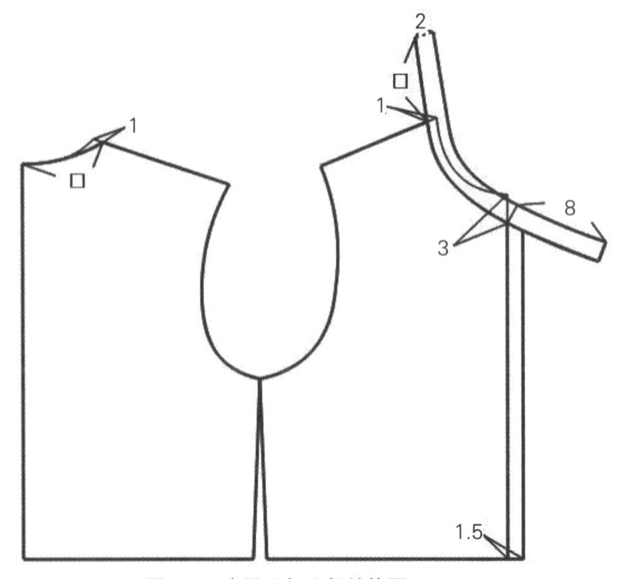

图3.49 交叉系扣立领结构图

图3.50　偏襟立领款式图

二十二、偏襟立领

1）**款式特点**：该款的领深在原型基础上开深较大，立领部分造型细长，且曲线流畅（图3.50）。

2）**款式结构**：在原型领窝的基础上，前后领宽沿肩线分别加宽3cm，后领深开深1cm，前领深开深至腰围线位置，立领宽度在后中心线处为5cm，立领前部宽度为4cm，形成后宽前窄的结构（如图3.51）。

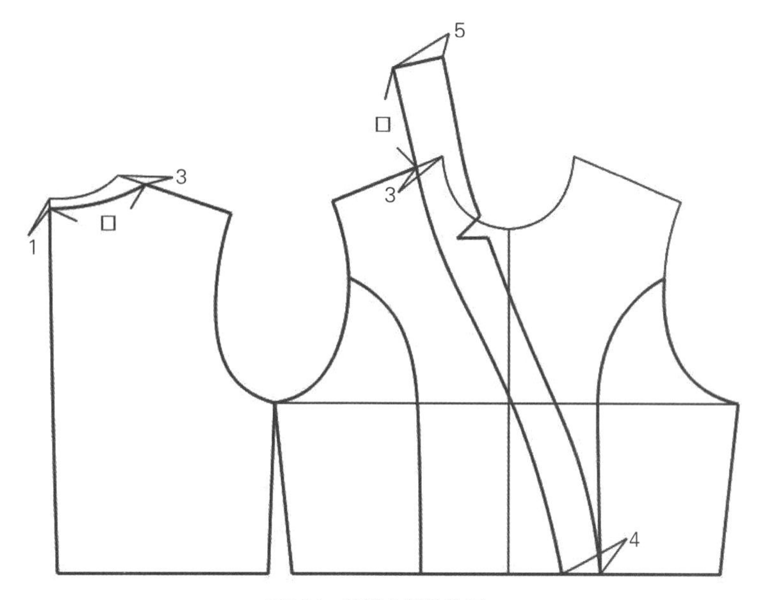

图3.51　偏襟立领结构图

图3.52　宽松直立领款式图

二十三、宽松直立领

1）**款式特点**：该款属于直立贯头领，也叫套头领，衣身领口在原型基础上加宽加深，以保证领口弧线大于人体头围（图3.52。

2）**款式结构**：在原型领窝的基础上，前后领宽分别沿肩线加宽4cm，后领深加深2cm，前领深加深5cm，立领宽双层对折后为20cm（图3.53）。

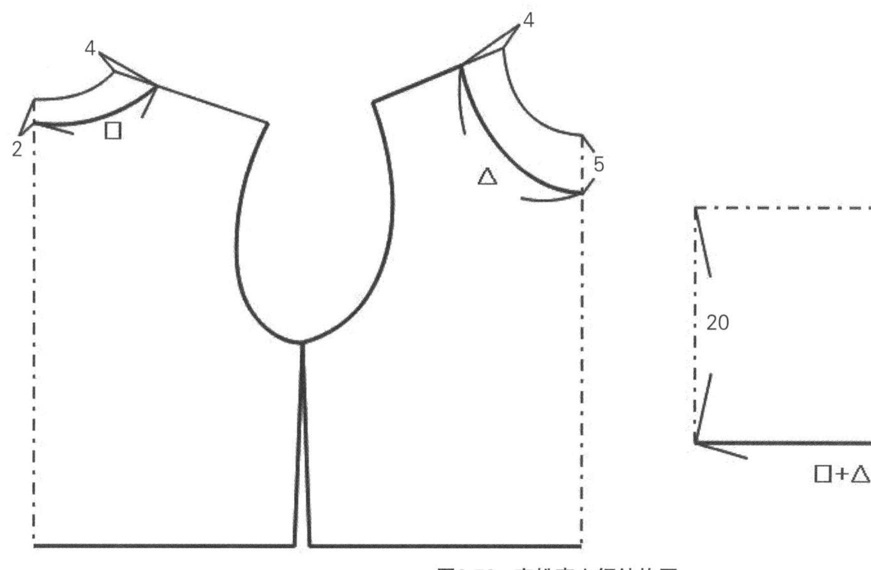

图3.53　宽松直立领结构图

图3.54　棒球服立领款式图

二十四、棒球服立领

1）**款式特点**：该款通常用于棒球服中，属于休闲服装常用的一种领型（图3.54）。

2）**款式结构**：在原型领窝的基础上，前后领宽沿肩线分别加宽1cm，后领深保持原型尺寸不变，前领深开深2cm，立领宽度设为5cm，领外口采用直线结构制图（图3.55）。

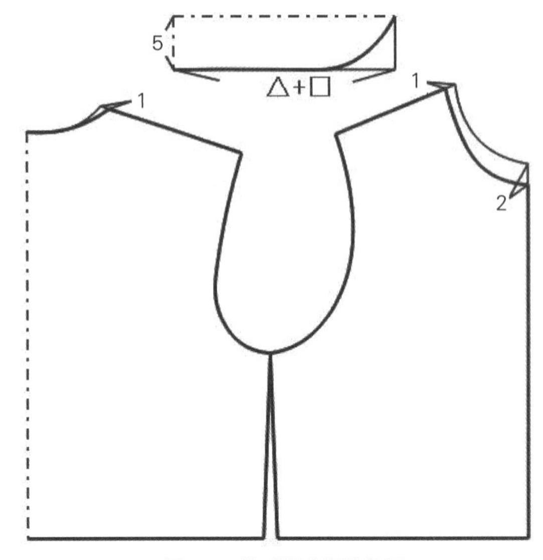

图3.55　棒球服立领结构图

图3.56　前中心系扣直立领款式图

二十五、前中心系扣直立领

1）**款式特点**：该款总体造型属于基础直立领，主要特点在立领部分的横向褶结构的设计，同时门襟直接连接到立领上端，使整个款式造型更加独特（图3.56）。

2）**款式结构**：在原型领窝的基础上，前后领宽沿肩线分别加宽1cm，领深分别开深1cm，立领宽度设为7.5cm，横向褶宽为2cm（图3.57）。

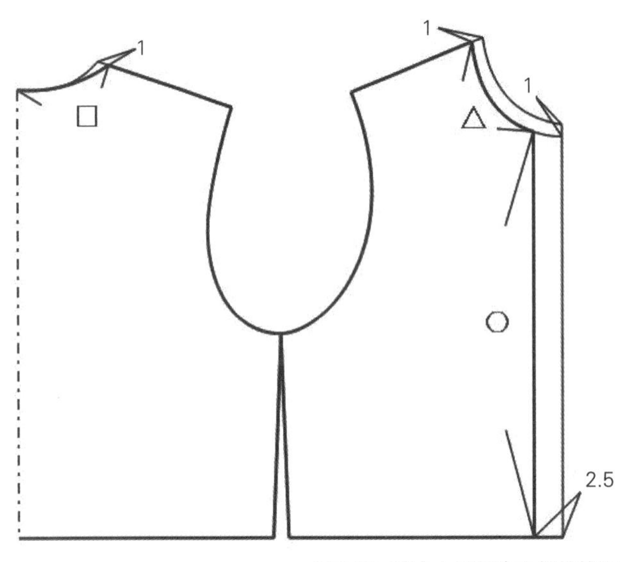

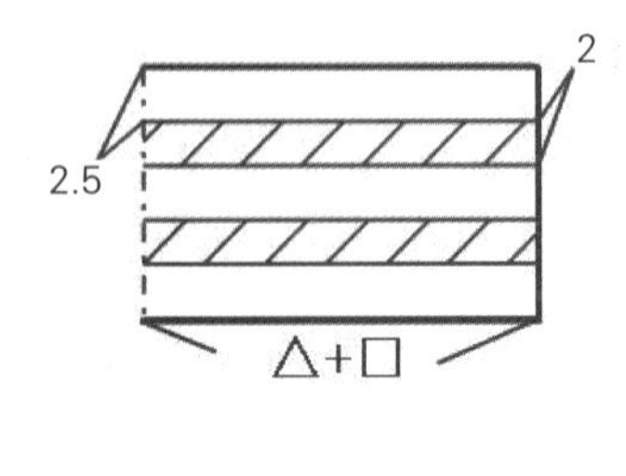

图3.57　前中心系扣直立领结构图

第四章

翻领款式与结构设计

第一节　翻领的结构原理与造型变化

翻领结构造型及各部位结构线名称见图4.1。翻领向外翻出，露在外面的部分称为领面；被领面覆盖住的部分为领座；领面与领座之间进行翻折的部分叫做翻折线；领面外缘为外领口；领座与领口缝合部分为下领口。在结构上，翻领由领面、领翻折线和领座共同构成。领座围绕人体颈部，领面则向外翻出，盖住领座及衣身。翻领在造型上属于关门领的一种，由领面和领座组成，且领面与领座为一个统一的整体，互相不是独立存在的。

一、翻领的结构原理

翻领的结构变化主要体现在领座高度的变化。翻领分为领座较低的翻领和领座较高的翻领。当前后衣身肩线重叠量为0的时候，领座也为0，整个翻领与衣身完全贴合（图4.2）。随着前后衣身肩线重叠量产生与加大，领座也随之产生，当领座较低的时候，可以通过肩线重叠的方法进行结构制图，这种翻领也称之为坦翻领（图4.3）。反之，当翻领领座较高的时候，通常采用直接制图法进行结构制图，领面与领座差量越大则领凹越大（图4.4）。

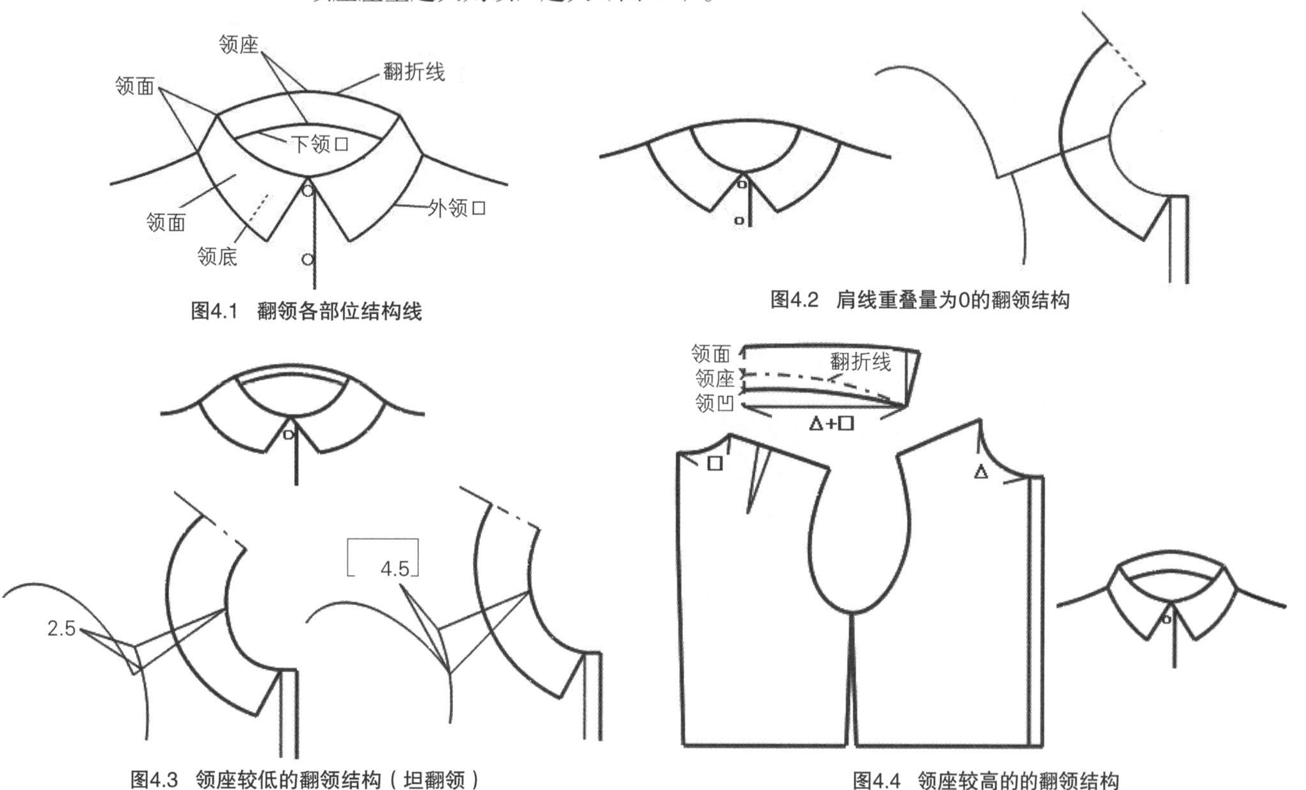

图4.1　翻领各部位结构线

图4.2　肩线重叠量为0的翻领结构

图4.3　领座较低的翻领结构（坦翻领）

图4.4　领座较高的的翻领结构

二、翻领的造型变化

在造型上翻领作为人们生活中最常见的领型之一，具有简洁、舒适等特点，其款式造型的变化主要体现在领面外口弧线、领座下口弧线及领面与领座的高度分配等方面的变化。如图4.5为领面外口弧线变化翻领、图4.6为领座下口弧线变化翻领、图4.7为领面、领座的高度变化翻领。

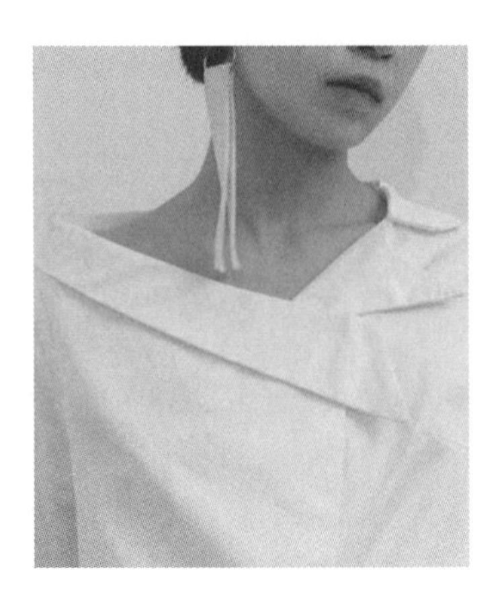

图4.5 领面外口弧线变化翻领

图4.6 领座下口弧线变化翻领

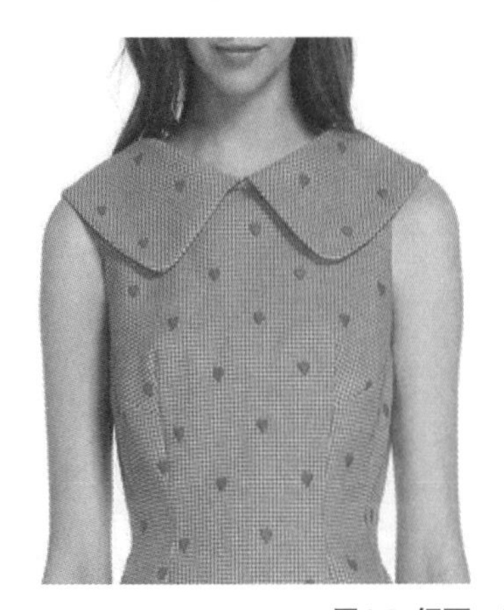

图4.7 领面、领座的高度变化翻领

第二节 翻领款式与结构设计实例

一、尖领角翻领

1）款式特点：该款翻领主要特点在领子前端的尖领角设计，从而将普通的翻领变得具有设计感（图4.8）。

2）款式结构：领宽保持原型尺寸不变，后领深也不发生变化，前领深沿前中心线在原型基础上开深5cm，翻领宽为9cm（图4.9）。

图4.8 尖领角翻领款式图

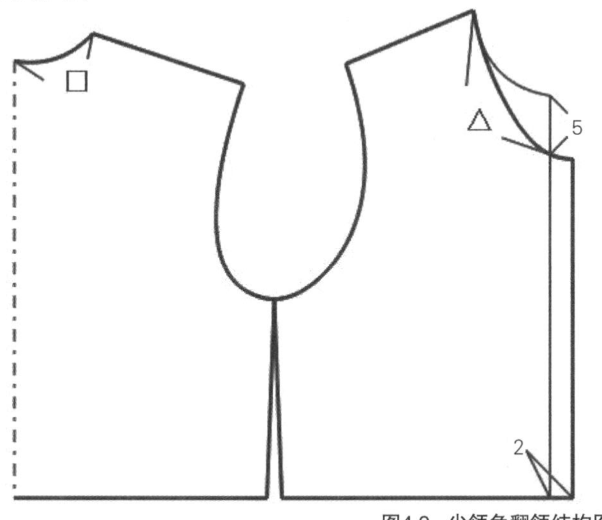

4.5
9
2
△+□

图4.9 尖领角翻领结构图

图4.10 外领口折叠翻领款式图

二、外领口折叠翻领

1）款式特点：该款领型在基础翻领的造型基础上，对外领口进行折叠结构设计，使看似简单传统的一款翻领变得新颖独特（图4.10）。

2）款式结构：在原型领窝的基础上，前后领宽分别沿肩线开宽1cm，后领深保持原型尺寸不变，前领深开深1cm，翻领宽设为8cm，下层领子前中心处收进2cm，领宽较上层领子收进2cm（图4.11）。

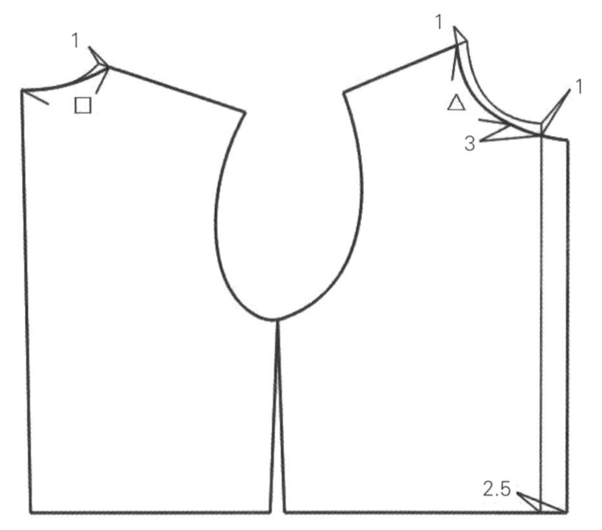

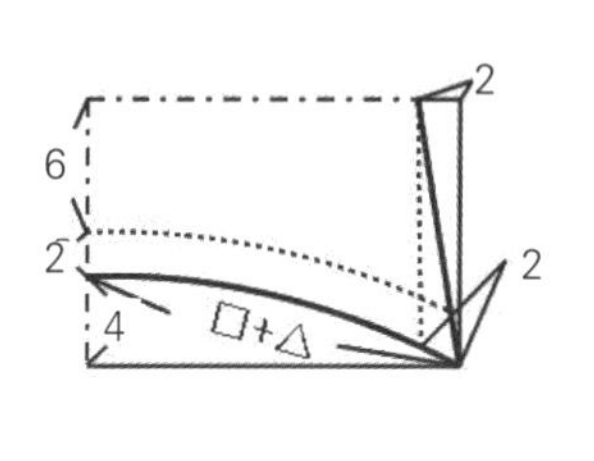

图4.11 外领口折叠翻领结构图

图4.12　中性风翻领款式图

三、中性风翻领

1）**款式特点：**该款造型具有中性特征，造型线条流畅，常用在休闲及中性服装上（图4.12）。

2）**款式结构：**在原型领窝的基础上，前后领宽分别沿肩线开宽1cm，后领深保持原型尺寸不变，前领深开深2cm，翻领宽前端设为8cm（图4.13）。

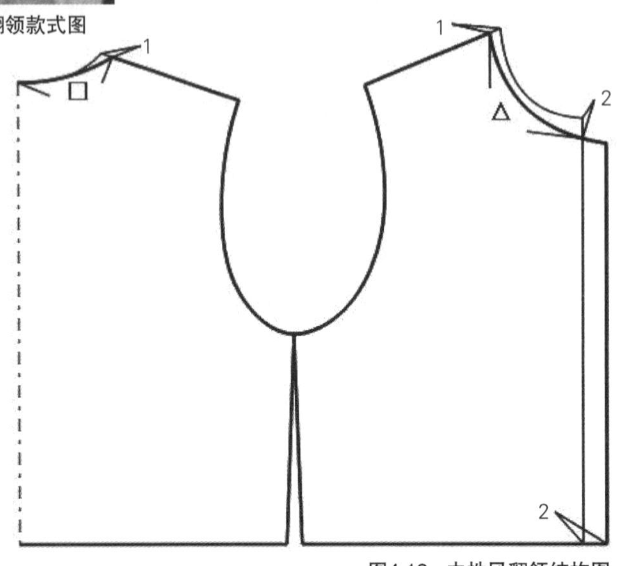

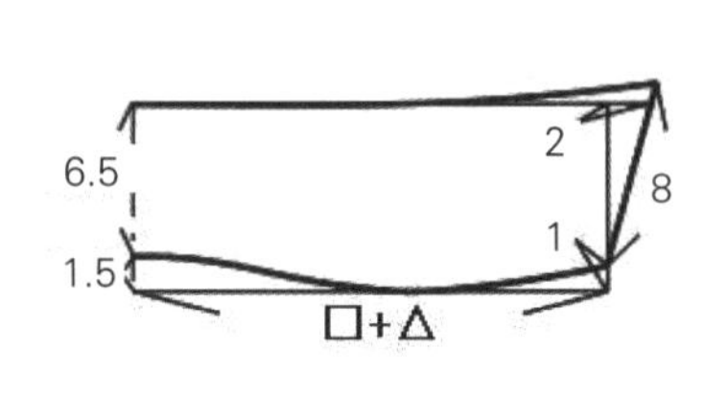

图4.13　中性风翻领结构图

图4.14　双层翻领款式图

四、双层翻领

1）**款式特点：**该款最突出的是领子外口弧线的双层设计，及门襟的加宽设计，二者的结合使整个领子设计感十足，具有很强的时尚气息（图4.14）。

2）**款式结构：**在原型领窝的基础上，前后领宽分别沿肩线开宽1cm，后领深保持原型尺寸不变，前领深开深1cm，门襟宽为15cm，翻领宽设为10cm（图4.15）。

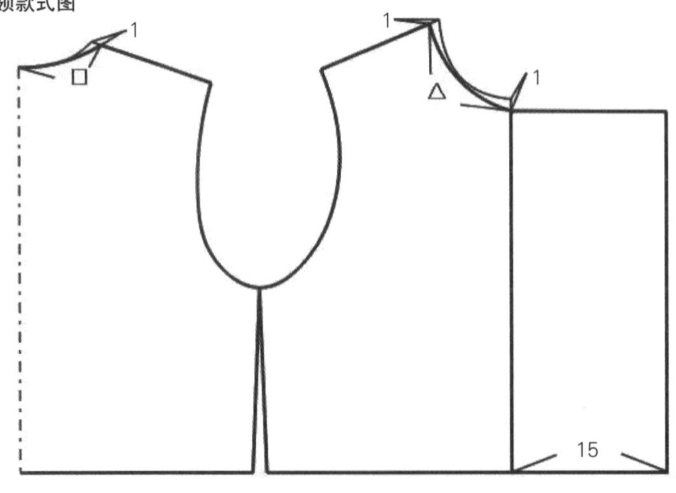

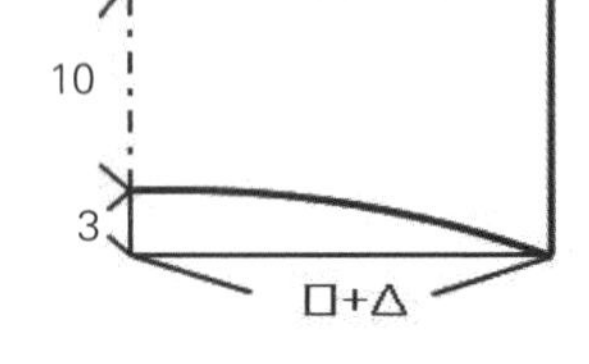

图4.15　双层翻领结构图

图4-16 圆弧外领口翻领款式图

五、圆弧外领口翻领

1）**款式特点：**该款领口相对开宽，领子外口为圆顺弧线造型，领子前端为直线造型，整个领子既显得干练知性，又不失女性柔美（图4.16）。

2）**款式结构：**在原型领窝的基础上，前后领宽分别沿肩线开宽2cm，后领深保持原型尺寸不变，前领深开深2cm，前后肩线重合3cm使领子具有一定的领座造型，后领宽设为10cm，前领宽为8cm（图4.17）。

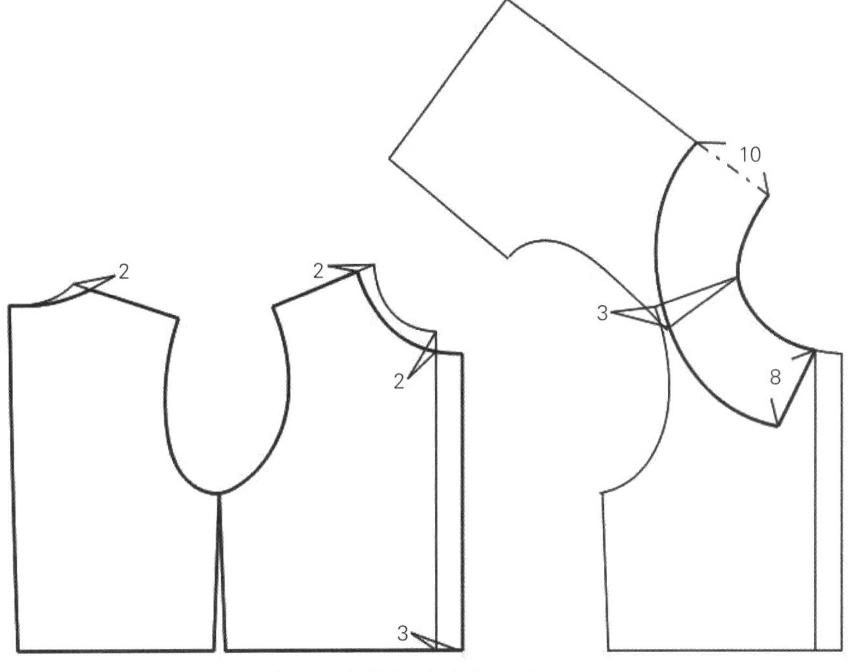

图4.17 圆弧外领口翻领结构图

图4.18 方领口翻领款式图

六、方领口翻领

1）**款式特点：**该款整体造型较为复杂独特，前衣身领口处呈方形，翻领部分领口外延为弧线，领口前端为直线结构，最为突出的是前衣身的荷叶边设计，使整个领子时尚感十足（图4.18）。

2）**款式结构：**翻领部分在原型领窝的基础上，前后领宽分别沿肩线开宽2cm，后领深保持原型尺寸不变，前领深开深5cm，翻领宽为4cm。荷叶边宽度设为11cm，并将与衣身缝合边拉伸展开至原长度的2倍（图4.19）。

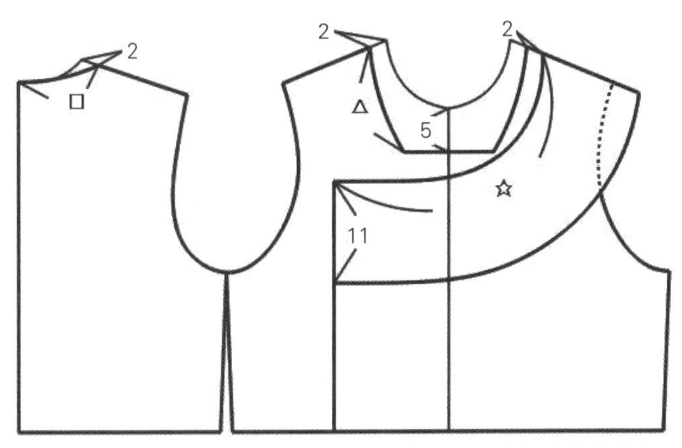

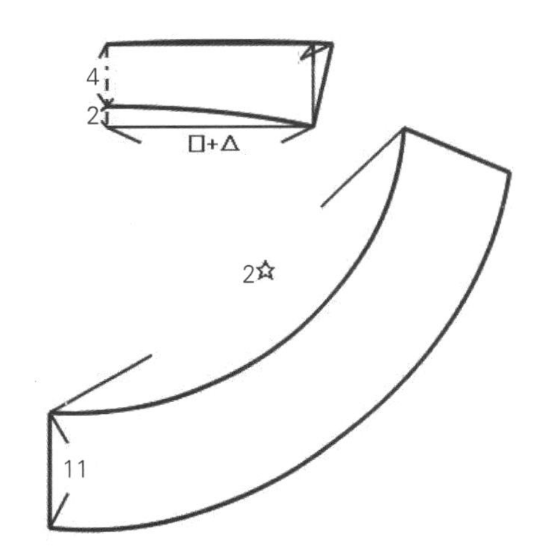

图4.19 方领口翻领结构图

图4.20 平领角翻领款式图

七、平领角翻领

1）**款式特点：**该款翻领部分前领口较平，视觉上接近于“一”字造型，领宽较宽，结合前衣身的门襟设计具有休闲、时尚的感觉（图4.20）。

2）**款式结构：**在原型领窝的基础上，前后领宽分别沿肩线开宽1.5cm，后领深保持原型尺寸不变，前领深开深5cm，前后肩线重合4cm使领子具有一定的领座造型，后领宽设为9cm，前领宽为15cm（图4.21）。

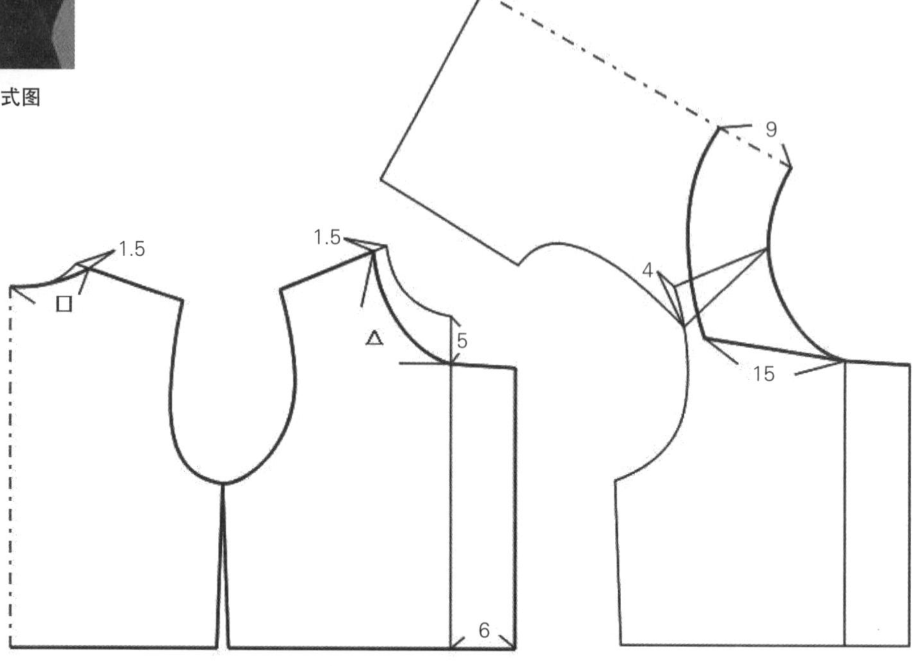

图4.21 平领角翻领结构图

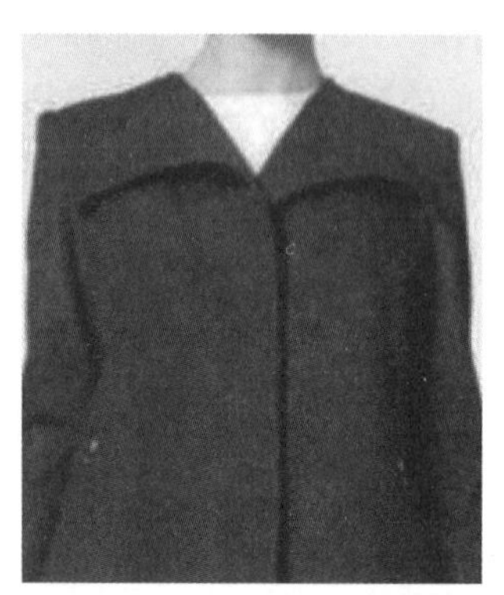

图4.22 无后领翻领款式图

八、无后领翻领

1）**款式特点：**该款主要特点是后衣身只有领口造型而没有单独的翻领，前衣身翻领部分造型独特，整个领子充满创意（图4.22）。

2）**款式结构：**整个领口结构保持原型尺寸不变，前衣身领深开深6.5cm，翻领部分采用仿形映射的方法进行结构制图（图4.23）。

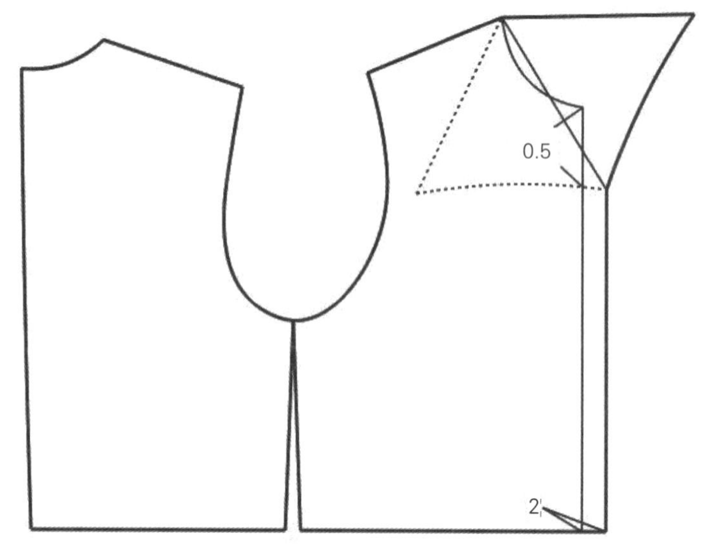

图4.23 无后领翻领结构图

图4.24 褶裥装饰翻领款式图

九、褶裥装饰翻领

1）**款式特点：**该款造型独特，翻领尺寸设计较宽，整体覆盖衣身肩部，最独特是在翻领前中心处运用折叠及褶设计，使领子与众不同并充满活力（图4.24）。

2）**款式结构：**在原型领窝的基础上，前后领宽分别沿肩线开宽2cm，后领深保持原型尺寸不变，前领深开深2.5cm，前后肩线重合4.5cm，使领子具有一定的领座造型,后领宽设为13cm，前领深向下8cm处翻领进行折叠处理，并展开2cm褶量（图4.25、图4.26）。

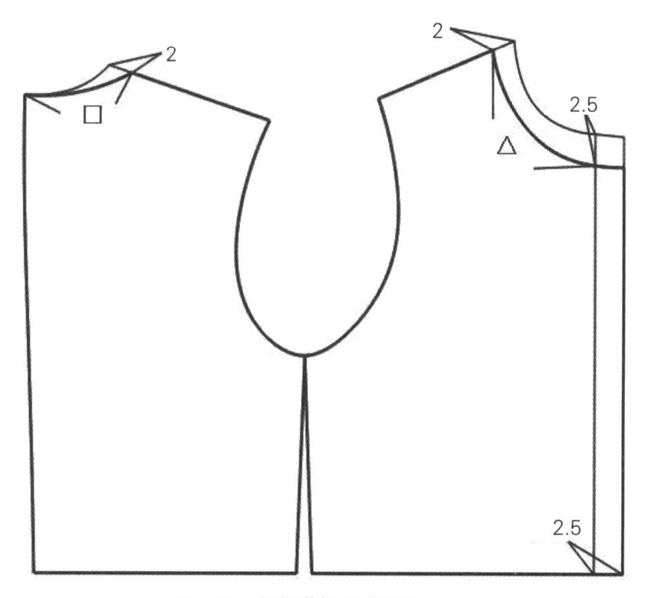

图4.25 褶裥装饰翻领结构图

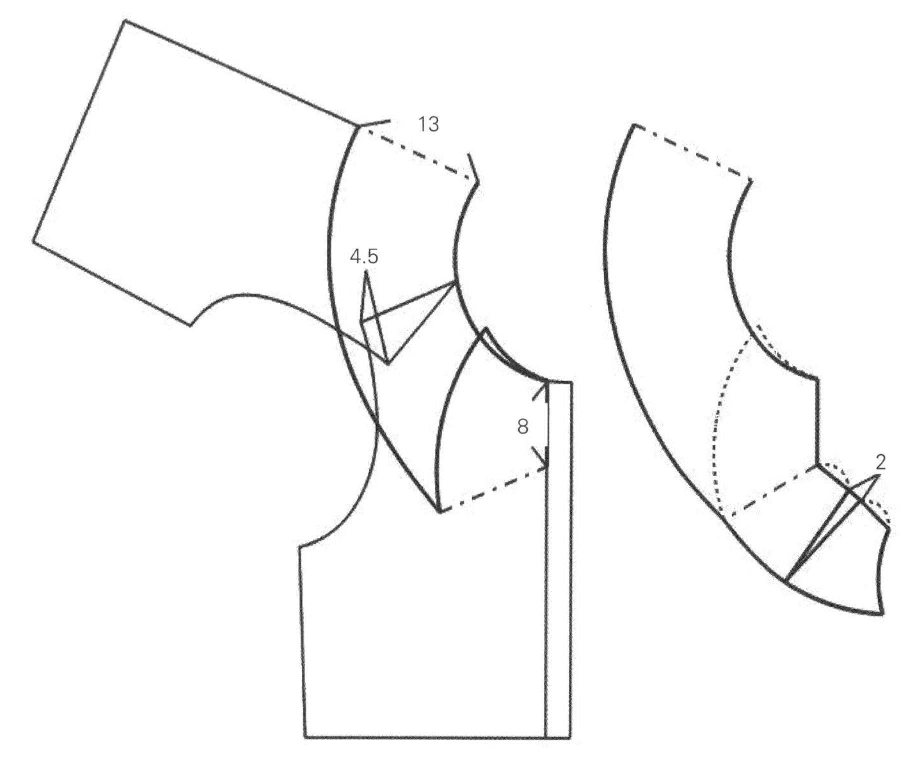

图4.26 褶裥装饰翻领结构图

图4.27 大披肩翻领款式图

十、大披肩翻领

1）**款式特点：**该款也可以称为披肩领。前领结合衣身的偏襟设计，使领子在前衣身形成自然褶皱，整个领型休闲随意并具时尚感（图4.27）。

2）**款式结构：**在原型领窝的基础上，前后领宽分别沿肩线开宽2cm，后领深保持原型尺寸不变，前领深开深4cm，前后肩线重合2cm使领子具有一定的领座造型，后领宽设为25cm。衣领下口线在颈肩点处向里修正0.5cm，前领深点向下修正0.5cm，使其略变直形成领座（图4.28、图4.29）。

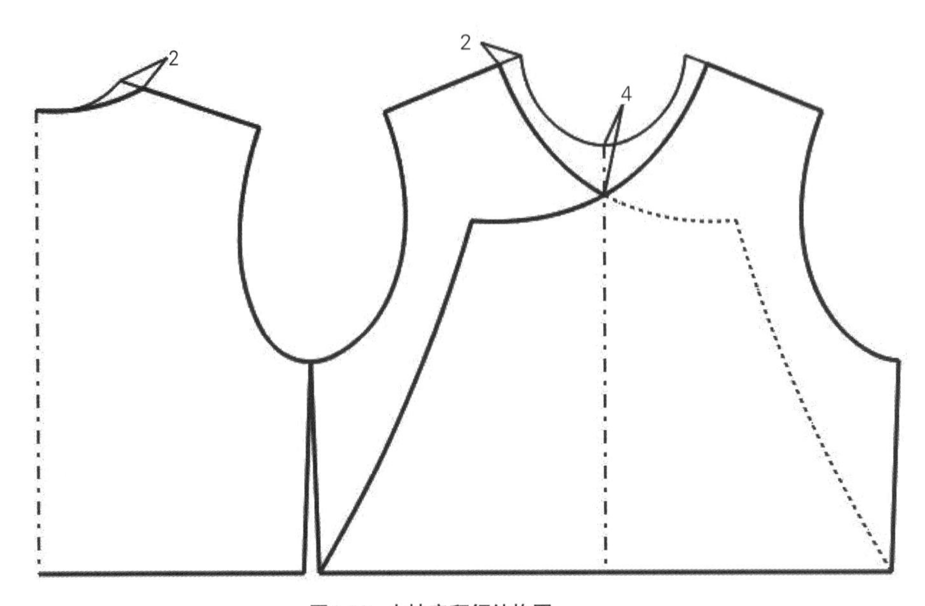

图4.28 大披肩翻领结构图

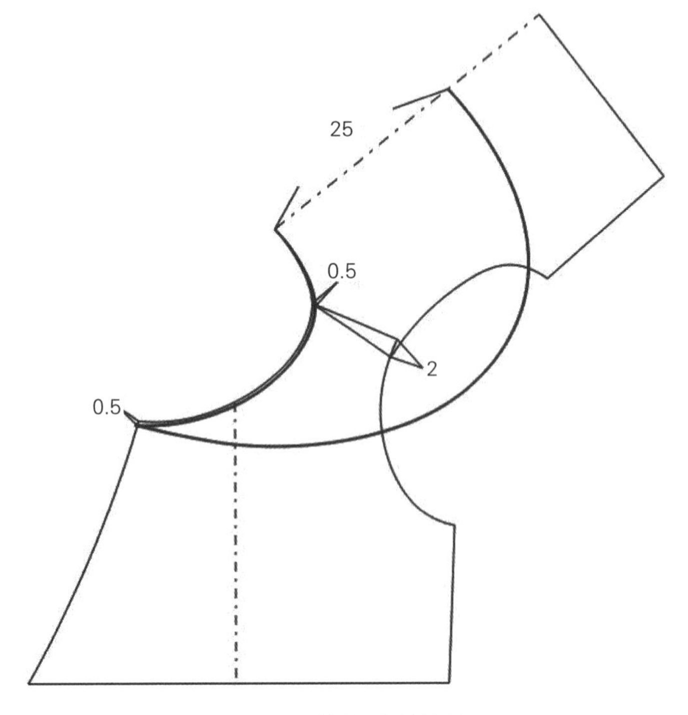

图4.29 大披肩翻领结构图

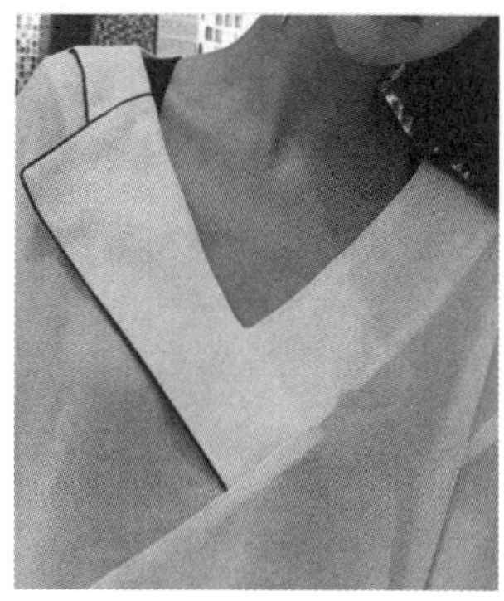
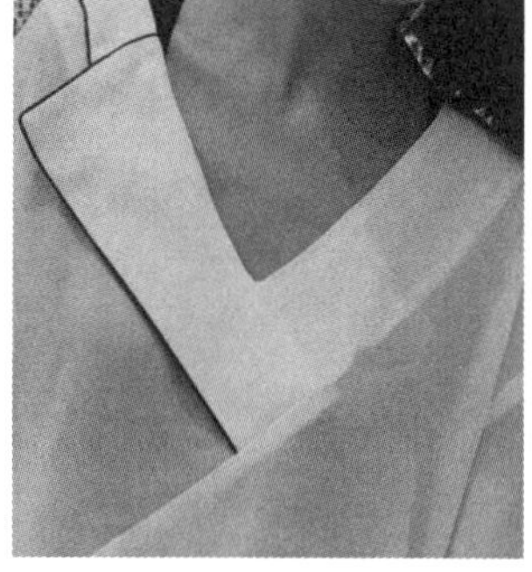

图4.30 不对称翻领款式图

十一、不对称翻领

1）**款式特点**：该款采用不对称造型设计，翻领设计主要体现在右衣身，整个款式造型打破了传统的设计观念，给人耳目一新的感觉（图4.30）。

2）**款式结构**：在原型领窝的基础上，前后领宽分别沿肩线开宽6cm，后领深开深3cm，前领深开深11cm，后衣身只有领口弧线，没有单独的翻领（图4.31）。

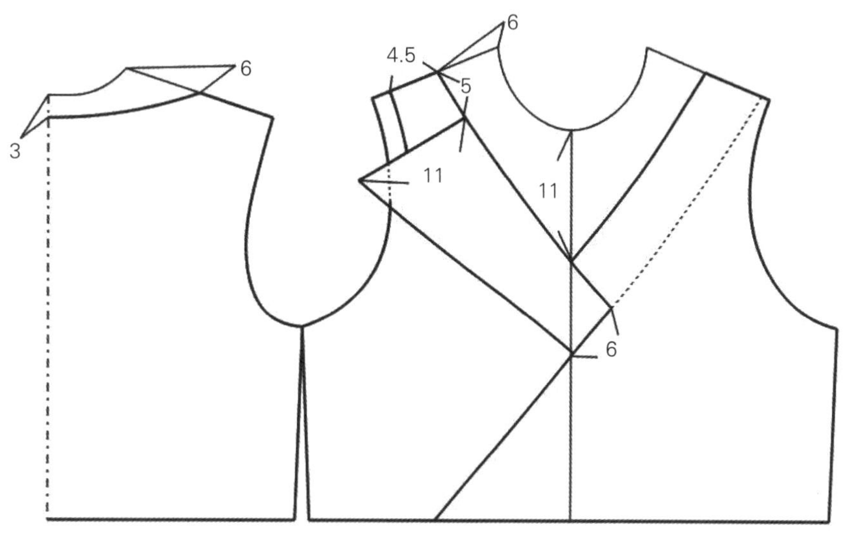

图4.31 不对称翻领结构图

图4.32 海军风翻领款式图

十二、海军风翻领

1）**款式特点**：该款接近于海军领的款式结构特点。整体感觉女性化特征十分突出，翻领部分较为平坦，基本贴伏在人体肩部（图4.32）。

2）**款式结构**：在原型领窝的基础上，前后领宽分别沿肩线开宽2cm，后领深保持原型尺寸不变，前领深开深1m，前后肩线重合2cm以使领子具有轻微的领座造型，领宽为9cm（图4.33）。

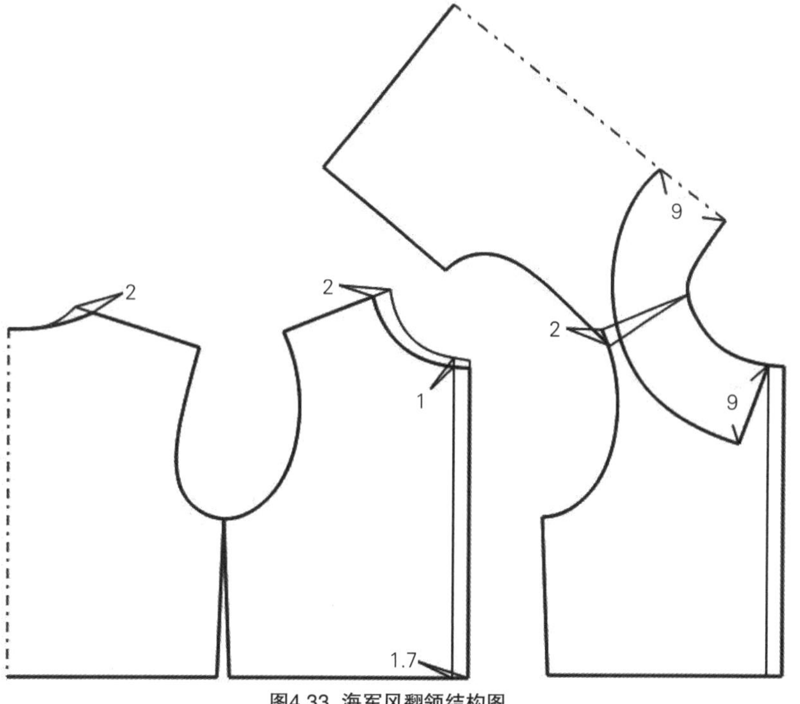

图4.33 海军风翻领结构图

十三、双层翻领

1）**款式特点**：该款领口相对贴体，双层的翻领设计是亮点，整个领子显得既知性职业又不失俏皮活泼（图4.34）。

2）**款式结构**：领口造型保持原型尺寸不变，翻领部分下层宽5cm，上层翻领宽为4cm（图4.35）。

图4.34 双层翻领款式图

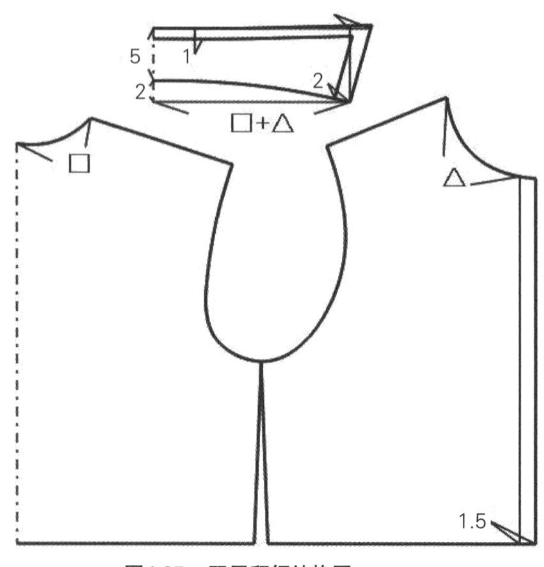

图4.35 双层翻领结构图

十四、荷叶边翻领

1）**款式特点**：该款造型极具变化，夸张的荷叶边，及双重翻领设计，使整个领子韵律感十足，显得年轻而有活力（图4.36）。

2）**款式结构**：在原型领窝的基础上，前后领宽分别沿肩线开宽6cm，后领深开深2cm，前领深开深5cm，上层荷叶边翻领领宽为10cm，下层荷叶边翻领领宽为12.5cm，并通过剪开展开形成波浪（图4.37~图4.39）。

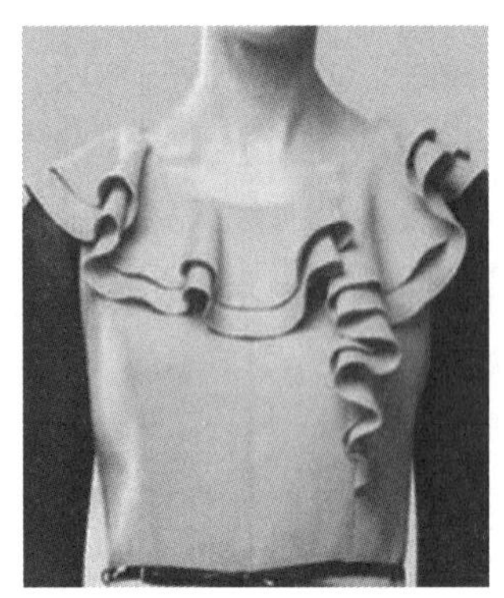

图4.36 荷叶边翻领款式图

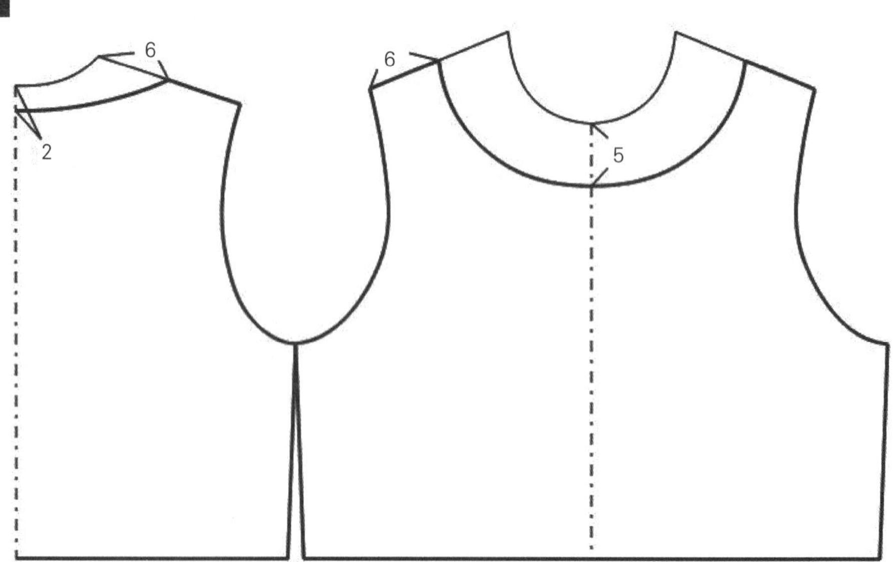

图4.37 荷叶边翻领结构图

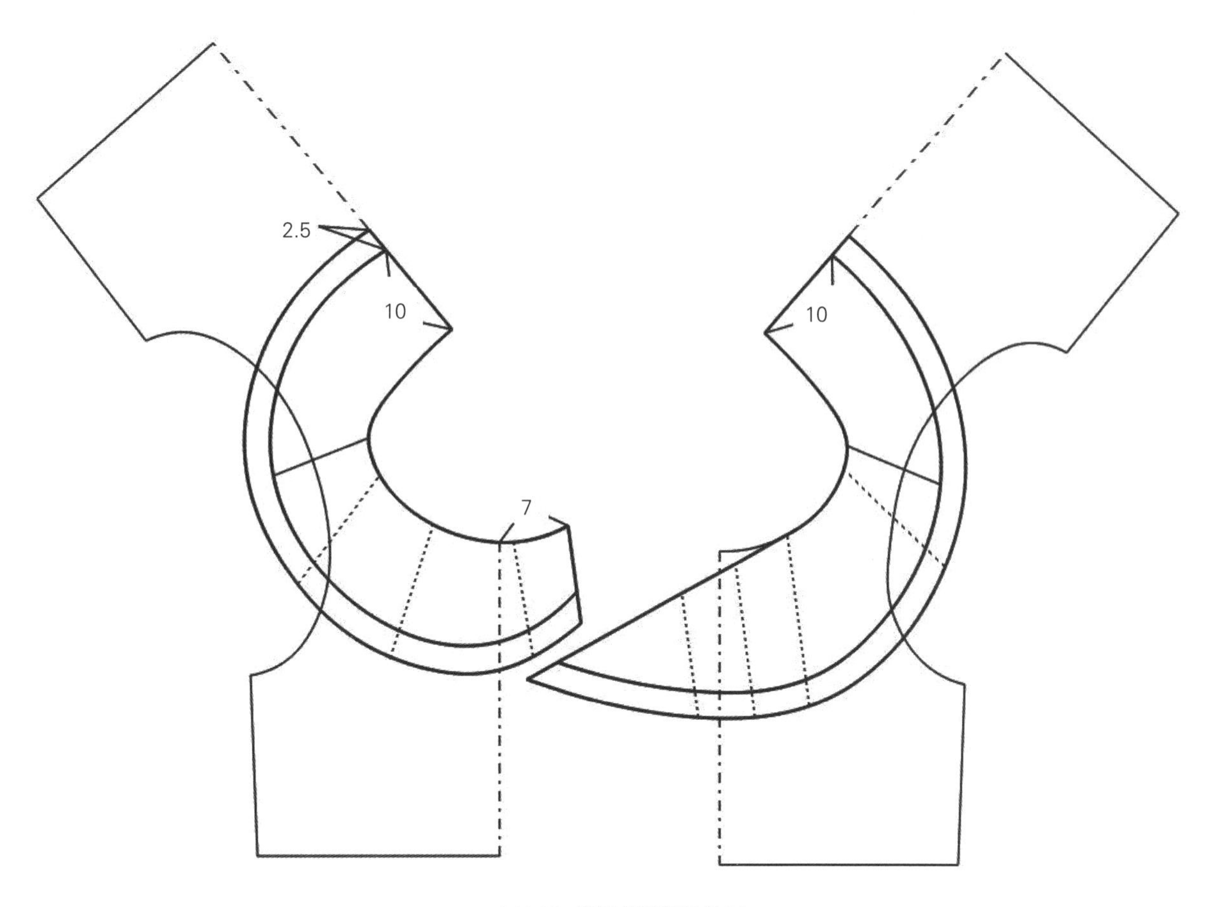

图4.38 荷叶边翻领结构图

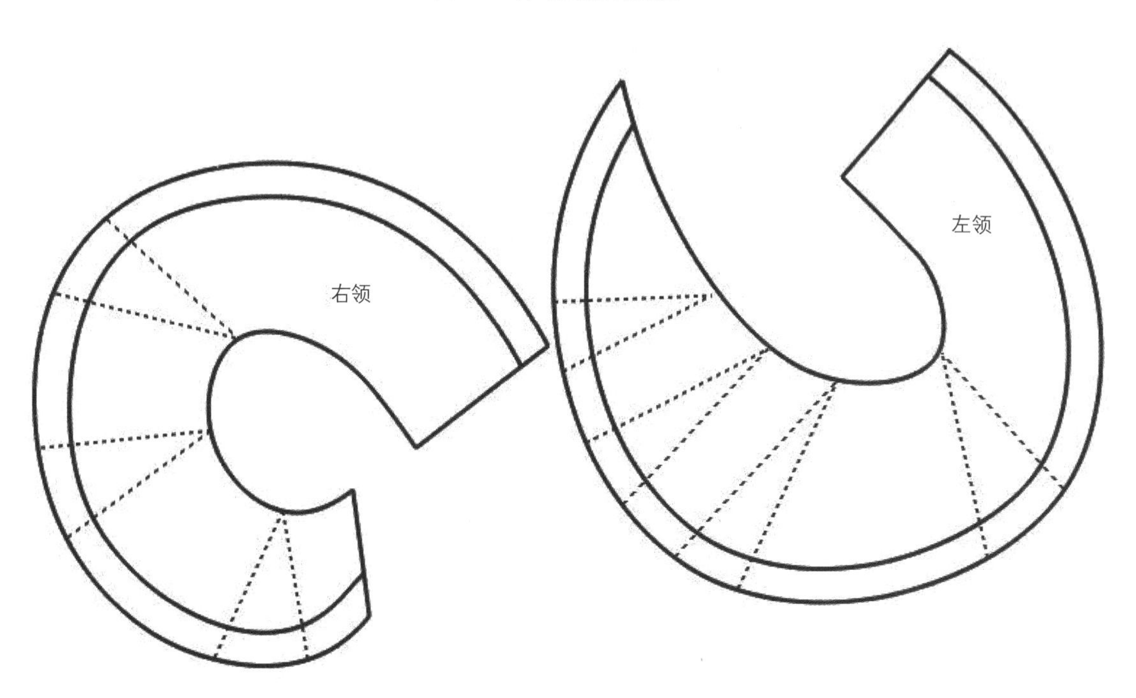

图4.39 荷叶边翻领结构图

图4.40 下领口褶裥翻领款式图

十五、下领口褶裥翻领

1）**款式特点：**该款领型既可以称为翻领也可以称为立领。主要特点是在领面独特的褶处理，使原本单调的领型变得丰富活跃（图4.40）。

2）**款式结构：**在原型领窝的基础上，前后领宽分别沿肩线开宽2cm，后领深保持原型尺寸不变，前领深开深1cm，翻领宽为6cm，通过对下领口剪开展开的处理，进行折褶结构设计（图4.41）。

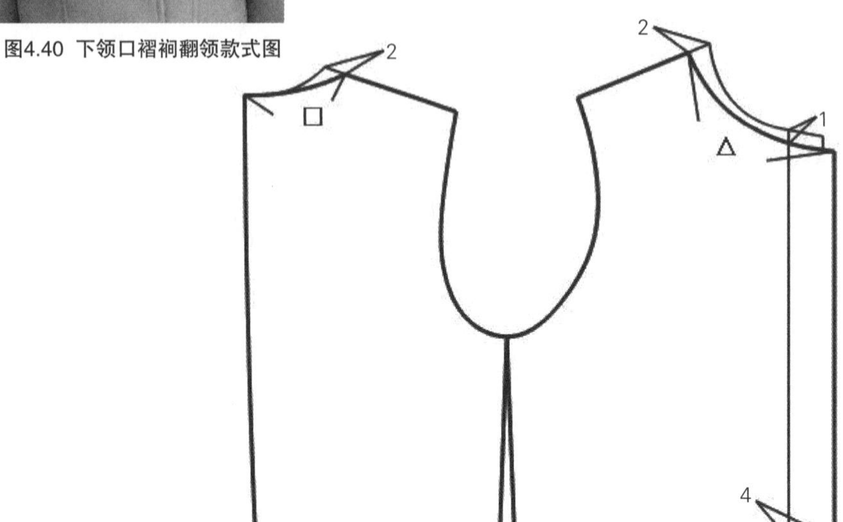

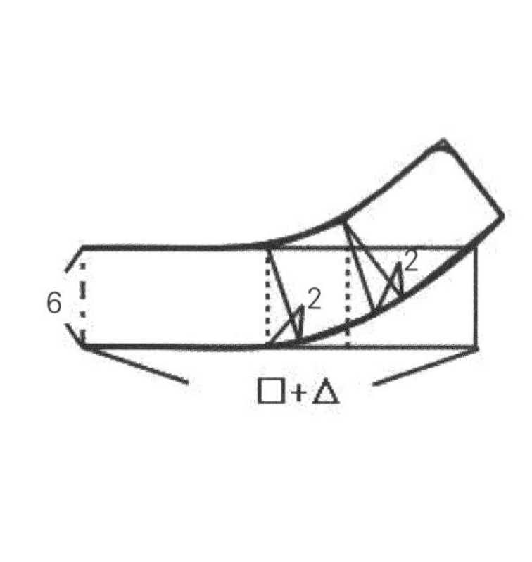

图4.41 下领口褶裥翻领结构图

图4.42 前中心重叠翻领款式图

十六、前中心重叠翻领

1）**款式特点：**该款的主要特点为前领中心处的重叠设计，以及领外口的流苏装饰，整个领子造型流畅、线条顺滑（图4.42）。

2）**款式结构：**领口的造型及尺寸保持原型状态不变，翻领宽6cm，并在领子前端进行弧线造型处理，领凹3cm（图4.43）。

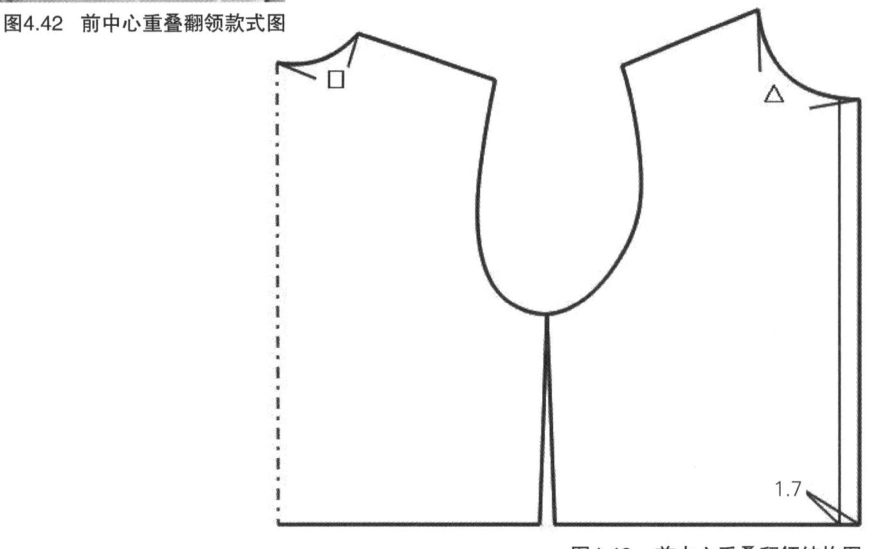

图4.43 前中心重叠翻领结构图

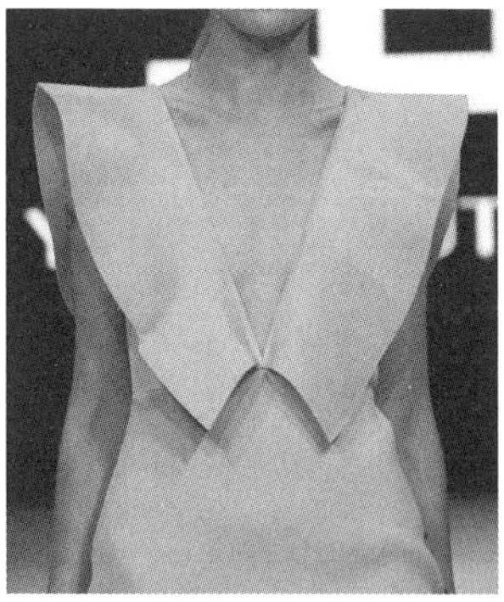

十七、V形宽边翻领

1）**款式特点**：该款领形为深“V”形宽边翻领，夸张的开领深度及大气的翻领宽，成为翻领造型的突出之处，同时翻领外口略作荷叶边处理，更增加了人的年轻朝气感（图4.44）。

2）**款式结构**：在原型领窝的基础上，前后领宽分别沿肩线开宽5cm，前后领深均开深至腰围，翻领宽在肩部沿肩线宽出为13cm，在前后中心处为8cm（图4.45、图4.46）。

图4.44 V形宽边翻领款式图

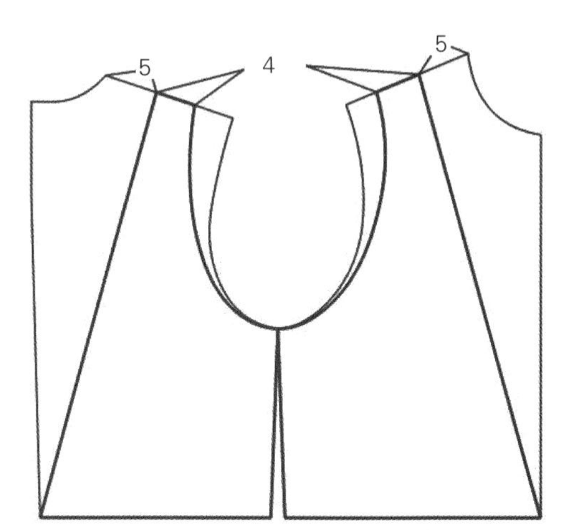

图4.45 V形宽边翻领结构图

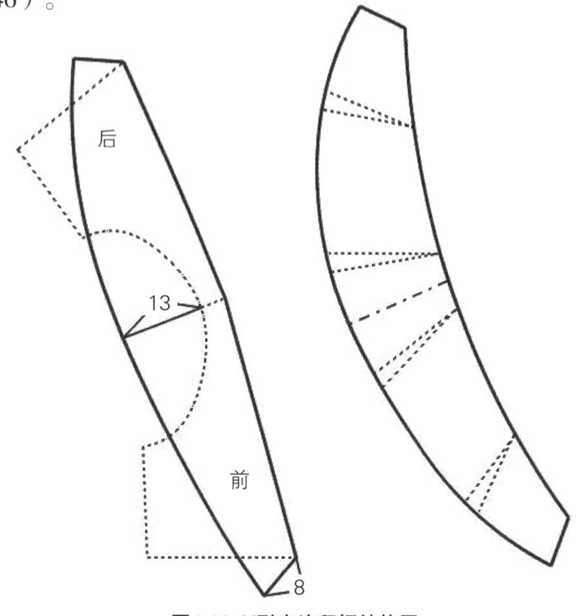

图4.46 V形宽边翻领结构图

十八、方领口翻领

1）**款式特点**：该款前衣身领口呈方形，后衣身领口部位没有单独的翻领部分，宽大的搭门与翻领融为一体，使整个领型设计充满创意（图4.47）。

2）**款式结构**：在原型领窝的基础上，前后领宽分别沿肩线开宽4cm，后领深开深1cm，前领深开深至胸围线向下4cm处（图4.48）。

图4.47 方领口翻领款式图

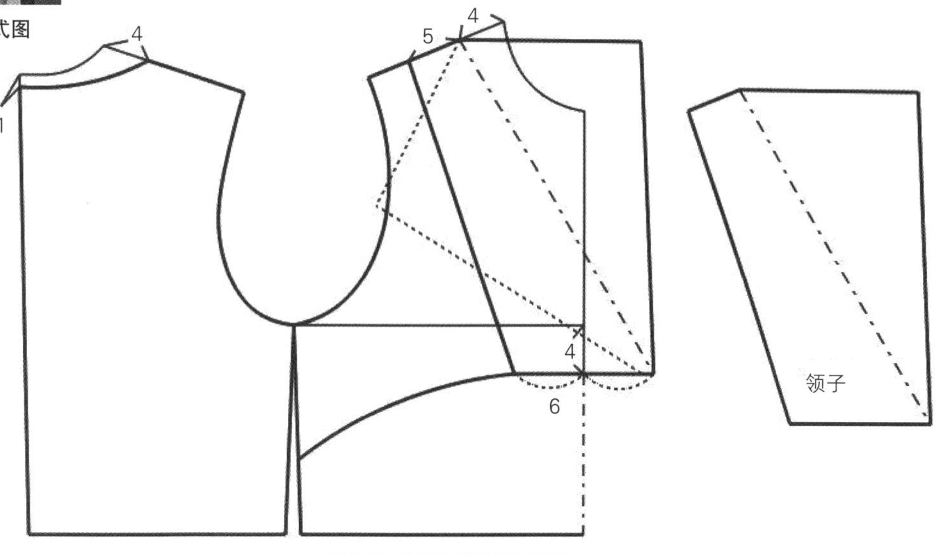

图4.48 方领口翻领结构图

图4.49　肩部开口翻领款式图

十九、肩部开口翻领

1）**款式特点：**该款领型打破传统的翻领设计，将翻领的开口处设计在肩线位置，翻领宽度由窄至宽，领口弧线的"一"字造型，给人性感又时尚的视觉效果（图4.49）。

2）**款式结构：**在原型领窝的基础上，前后领宽分别沿肩线二分之一处开宽1cm，前领深保持原型尺寸不变，前后领深开深1cm，翻领宽左肩线处为6cm，右肩线处为4cm（图4.50）。

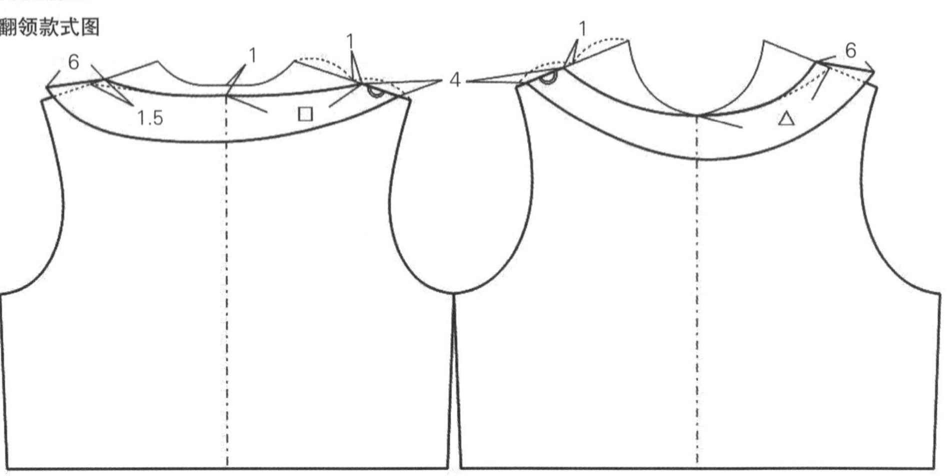

图4.50　肩部开口翻领结构图

图4.51　圆领角大翻领款式图

二十、圆领角大翻领

1）**款式特点：**该款领角为圆领角，大披肩领，领宽设计夸张，结合前衣身中心处的叠加设计及整体领型的流畅曲线，使得领子造型帅气又时尚（图4.51）。

2）**款式结构：**在原型领窝的基础上，前后领宽分别沿肩线开宽2cm，后领深保持原型尺寸不变，前领深开深3cm，在肩线处前后肩线重叠7cm，以使领子具有明显的领座造型，前领重叠部分长15cm，宽17.5cm（图4.52）

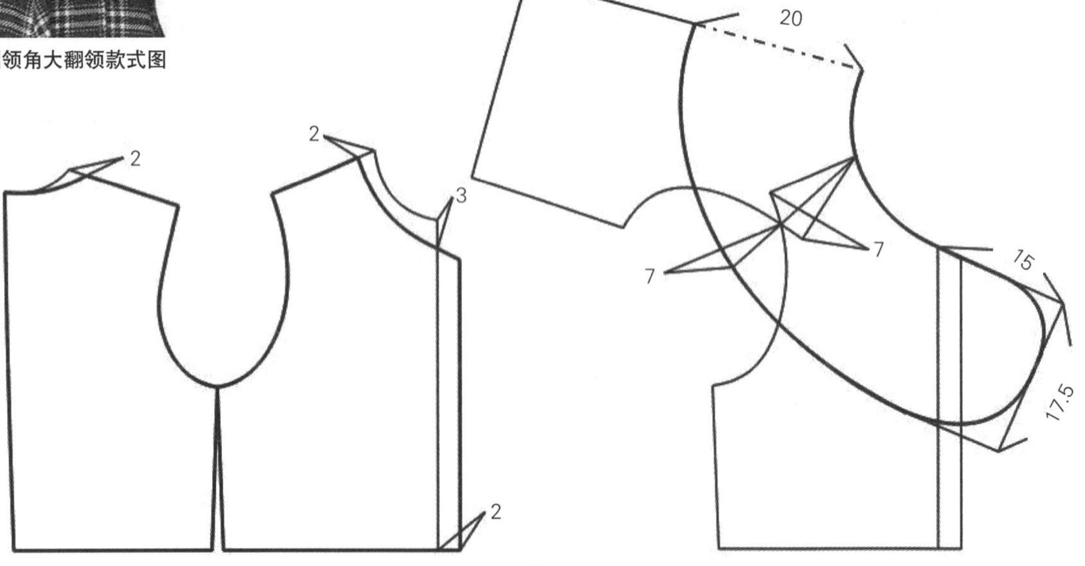

图4.52　圆领角大翻领结构图

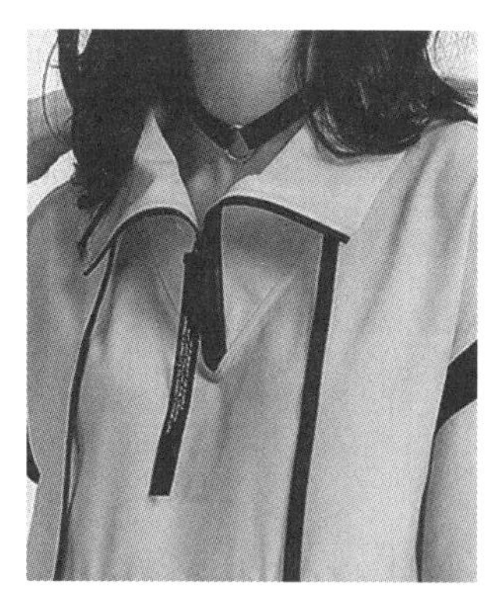

图4.53 休闲风翻领款式图

。

二十一、休闲风翻领

1）**款式特点：**该款常用于运动休闲服装，线条简洁大方，前领中心的拉链设计使得翻折角度变得随意多变（图4.53）。

2）**款式结构：**在原型领窝的基础上，前后领宽分别沿肩线开宽3cm，后领深开深0.5cm，前领深开深至胸围线向上3cm处，翻领宽后中心处设为

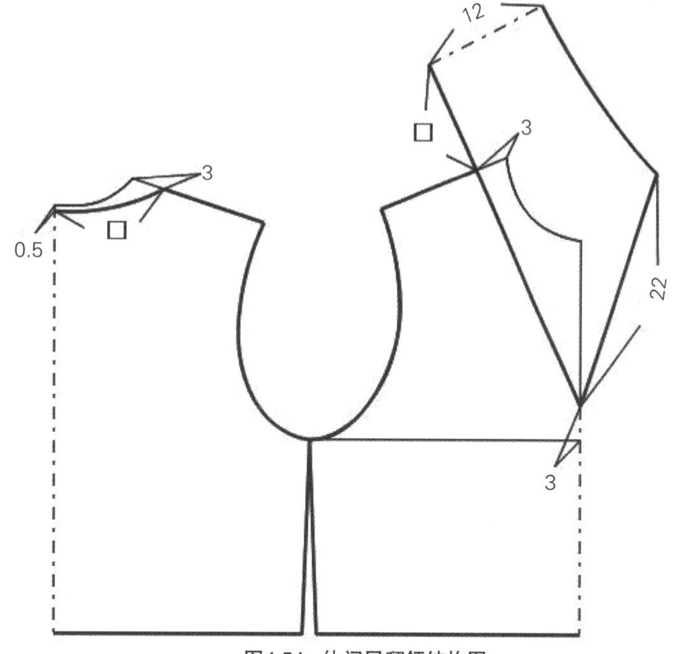

图4.54 休闲风翻领结构图

12cm，前中心处为22cm（图4.54）。

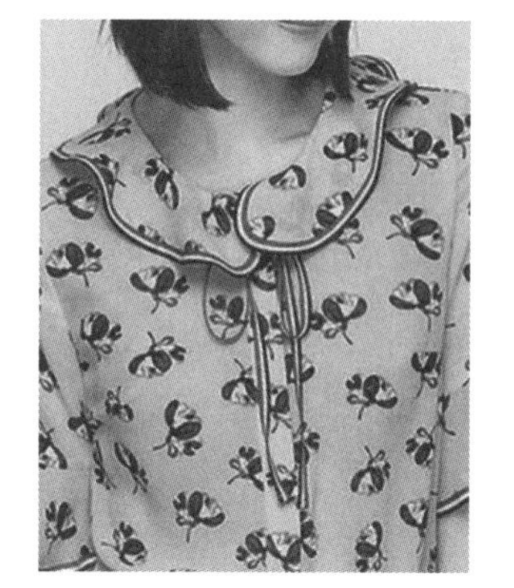

图4.55 荷叶边包边翻领款式图

二十二、荷叶边包边翻领

1）**款式特点：**该款集合了荷叶边、外领口镶边及前中心叠加等多种设计要素，整个领子造型活泼可爱，并别具一格（图4.55）。

2）**款式结构：**在原型领窝的基础上，前后领宽分别沿肩线开宽2cm，后领深开深0.5cm，前领深开深3cm，翻领宽为6cm，翻领下口弧线在前中心

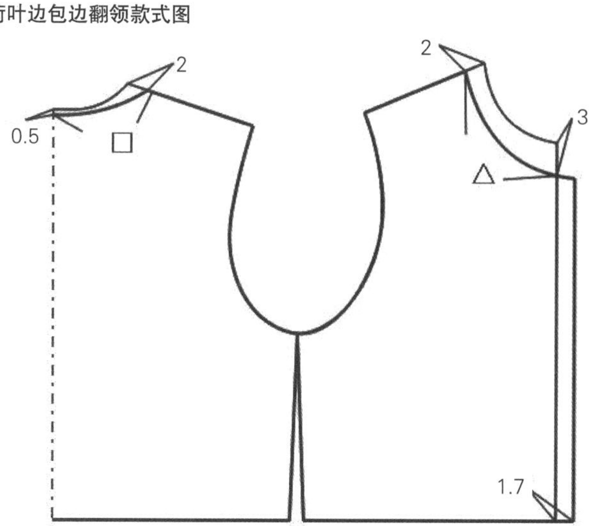

图4.56 荷叶边包边翻领结构图

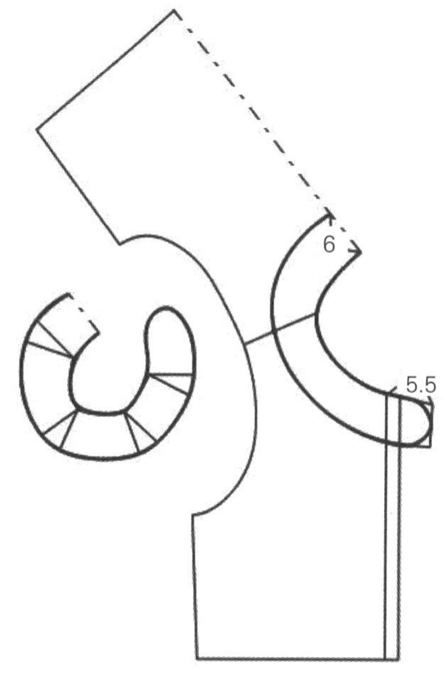

图4.57 荷叶边包边翻领结构图

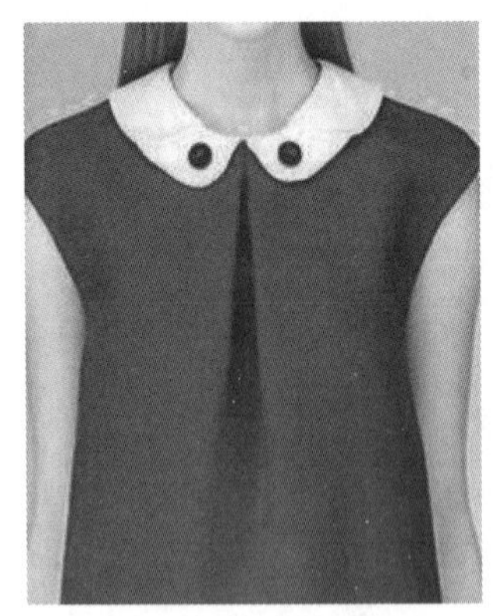

图4.58 圆领角双层翻领款式图

线处延长并重叠5.5cm，翻领前端做弧线造型（图4.56、图4.57）。

二十三、圆领角双层翻领

1）款式特点：该款独特之处在于翻领前中心处的圆领角及上下层叠加设计，双层领子的造型设计，使整个领子变得丰富并有创意（图4.58）。

2）款式结构：在原型领窝的基础上，前后领宽分别沿肩线开宽0.5cm，后领深保持原型尺寸不变，前领深开深1cm，翻领宽为5cm，在前领深弧线向

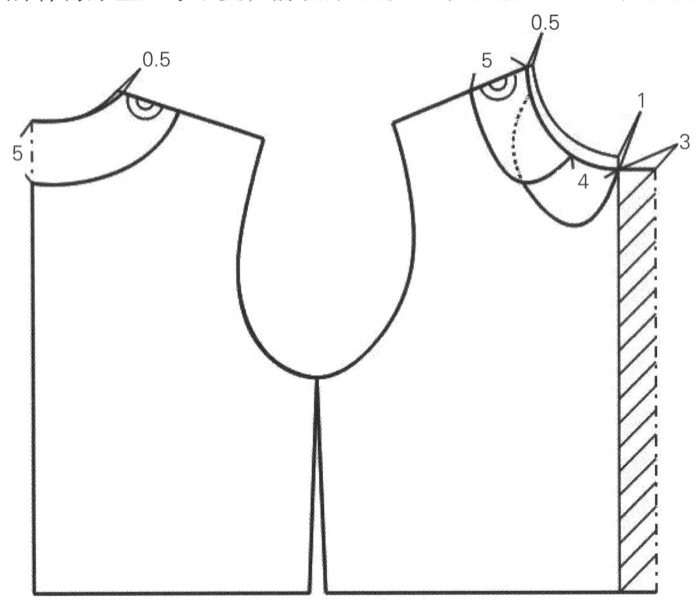

图4.59 圆领角双层翻领结构图

上4cm处为底层翻领外露部分（图4.59）。

图4.60 V领口圆角翻领款式图

二十四、V领口圆角翻领

1）款式特点：该款在前衣身门襟处采用“V”形领口造型，翻领部分缝合至前领深约二分之一处，领子总体呈弧线造型，给人以刚柔并济的视觉效应（图4.60）。

2）款式结构：领宽、后领深保持原型尺寸不变，前领深开深至胸围线向上5cm处，沿前领深向上9cm处为翻领止点。翻领宽后中心处为9cm，领子

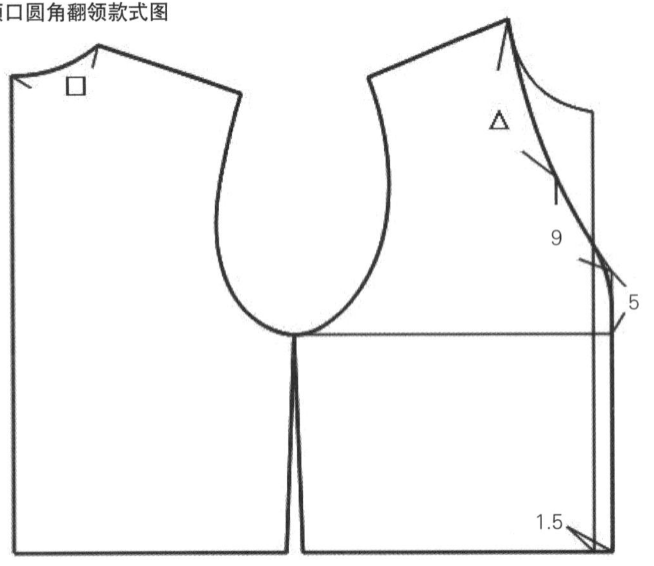

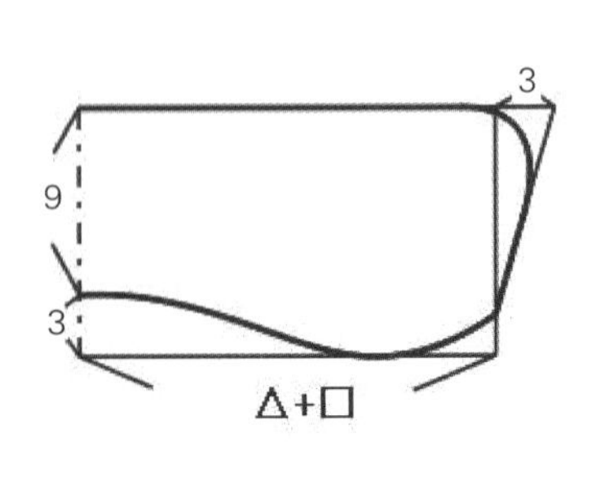

图4.61 V领口圆角翻领结构图

前端采用圆弧线条制图（图4.61）。

二十五、前中心褶裥装饰翻领

1）**款式特点**：该款的主要特点是翻领前中心的褶裥设计，整个翻领部分平铺在衣身上，后中心处断开，总体造型具有娃娃领的感觉（图4.62）。

2）**款式结构**：在原型领窝的基础上，前后领宽分别沿肩线开宽1cm，后领深保持原型尺寸不变，前领深开深1cm，翻领宽前中心处5cm，肩线处为6cm，在领子前端距前中心4cm处进行褶裥结构设计（图4.63）。

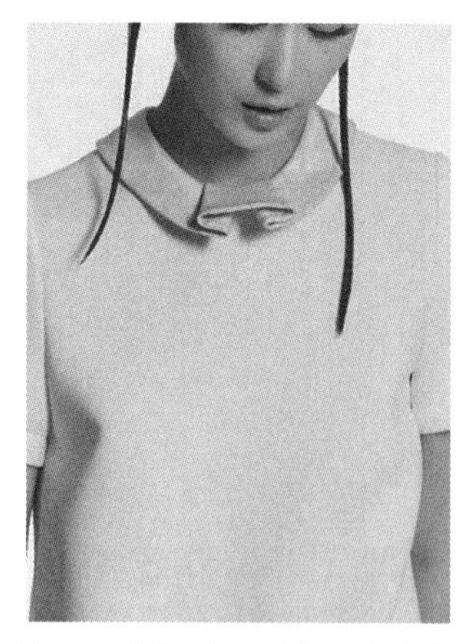

图4.62 前中心褶裥装饰翻领款式图

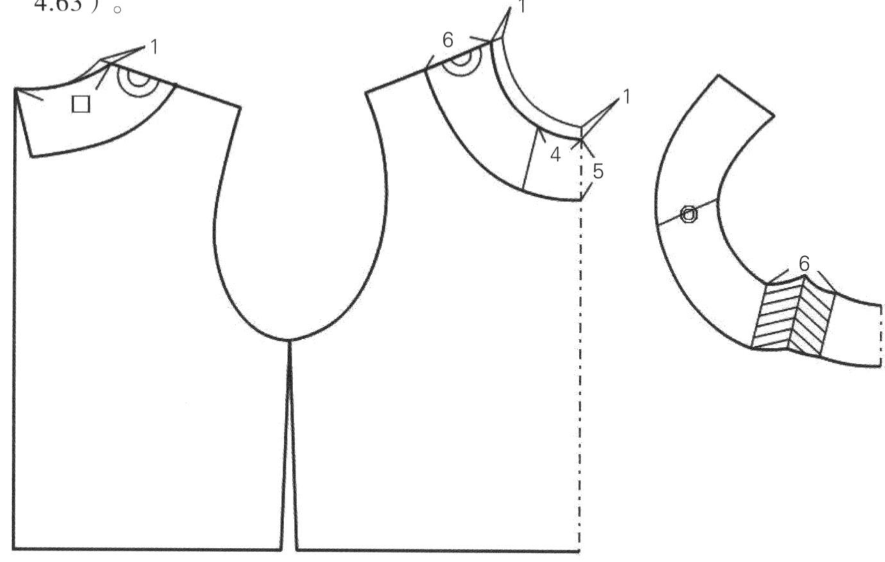

图4.63 前中心褶裥装饰翻领结构图

第五章

企领款式与结构设计

企领从外观造型上看接近于翻领。企领的领面的结构属于翻领结构；企领的领座结构属于立领结构，并通过领座将领面与衣身领口弧线相互连接，最终构成企领的结构造型。

第一节　企领的结构原理与造型变化

企领在具体结构设计上“企”和“伏”的程度是由领底弧度及领面和领座之间的结构关系决定的。各部位的结构线名称如图5.1。

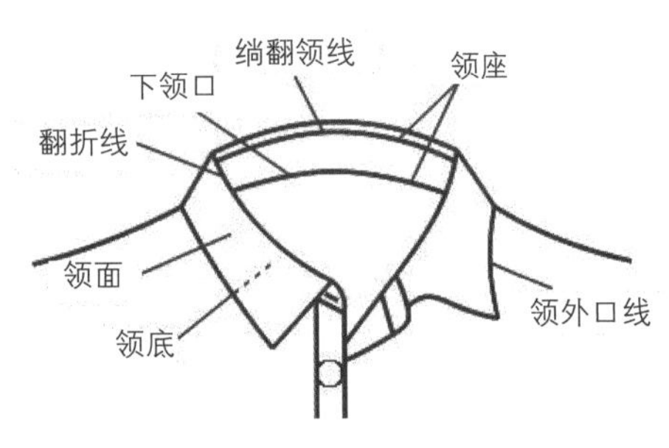

图5.1　企领各部位结构线

一、企领的结构原理

企领在结构上通常可以分为连企领和分企领。连企领的是指领子的领面与领座连为一体、互相不分开的一种企领。连企领的领座上口线与领面下口线统一形成企领的翻折线，因此是一种将企领工艺进行简化的企领领型。设计连企领结构时要注意领下口起翘不能太大，一般不超过1cm，否则领面不宜翻下来。其基本结构见图5.2。分企领则与其相反，领面与领座互相独立，共同构成领子的结构。其基本结构见图5.3。

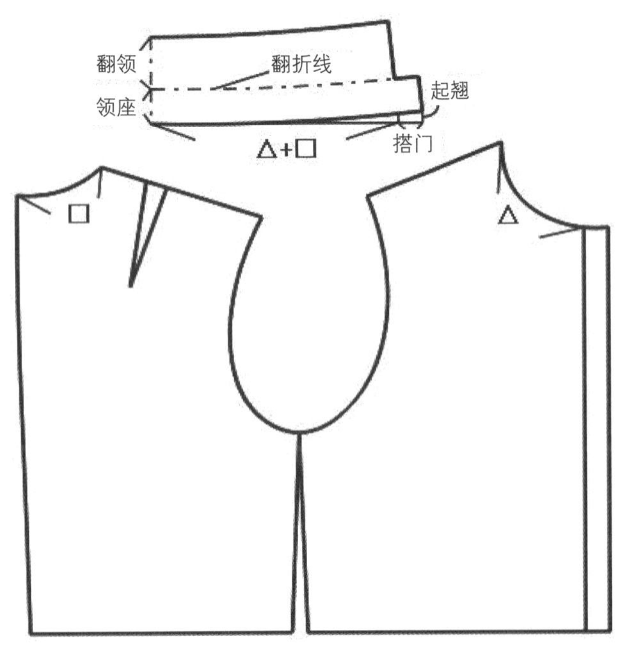

图5.2　连企领基本结构

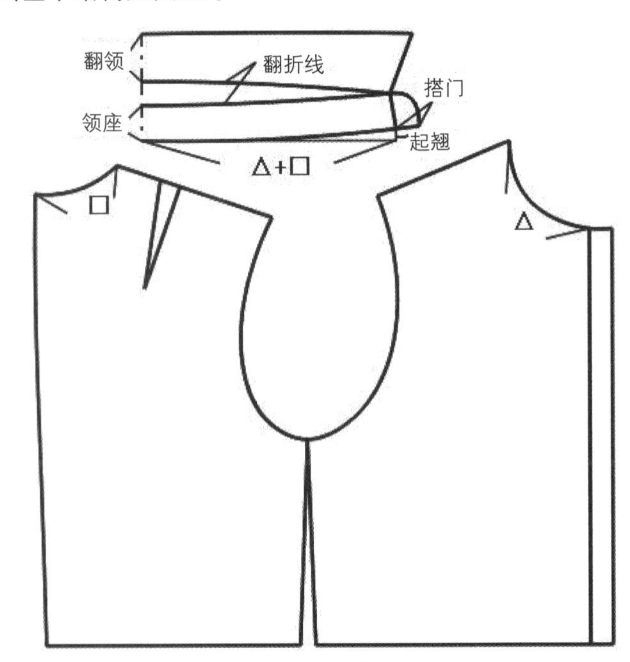

图5.3　分企领基本结构

连企领与分企领之间可以相互转化，具体转化过程见图5.4。

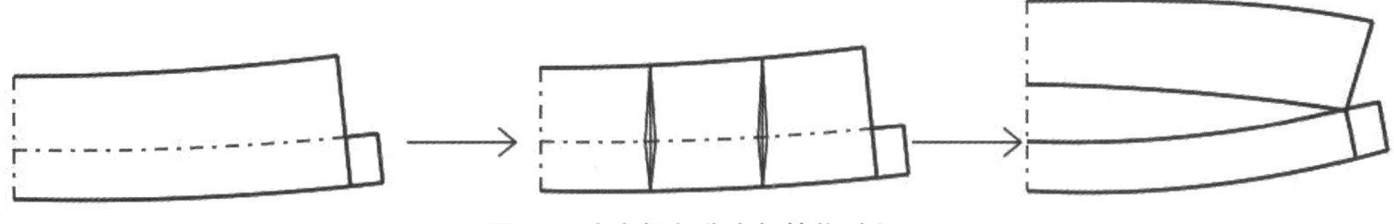

图5.4 连企领向分企领转化过程

二、企领的造型变化

连企领的领面与领座之间的反向容量不可调节，通常会通过外口弧线造型及改变领宽、领深来进行造型变化。而分企领虽然在工艺上相对复杂，但是分企领中领座上口弧线向上弯曲，领面下口弧线向下弯曲，这使得分企领在结构上能够更好地贴合人体颈部，着装效果更为理想。同时领面与领座之间的容量可以通过对二者之间的弧线弯度来进行调节。当领面向下弯曲的弧度大于领座向上弯曲度时，领面与领座之间距离加大，领子的整体造型给人一种休闲飘逸的感觉；反之，领面向下弯曲的弧度小于领座向上弯曲度时，则领面贴近领座，领子整体造型使人有一种端庄干练的感觉（图5.5、图5.6）。

图5.5 连企领

图5.6 分企领

第二节 企领款式与结构设计实例

图5.7 偏门襟企领款式图

一、偏门襟企领

1）**款式特点：**该款是简洁休闲的一款基础翻领造型，主要特点是在前衣身门襟的偏襟处理，整体造型与众不同（图5.7）。

2）**款式结构：**领深保持原型尺寸不变，前后领宽在原型基础上沿肩线开宽0.5cm，后领宽不发生变化，前衣身偏襟在领口处宽为8cm，在腰围处宽4cm，领座宽2.2cm，翻领宽5cm（图5.8）。

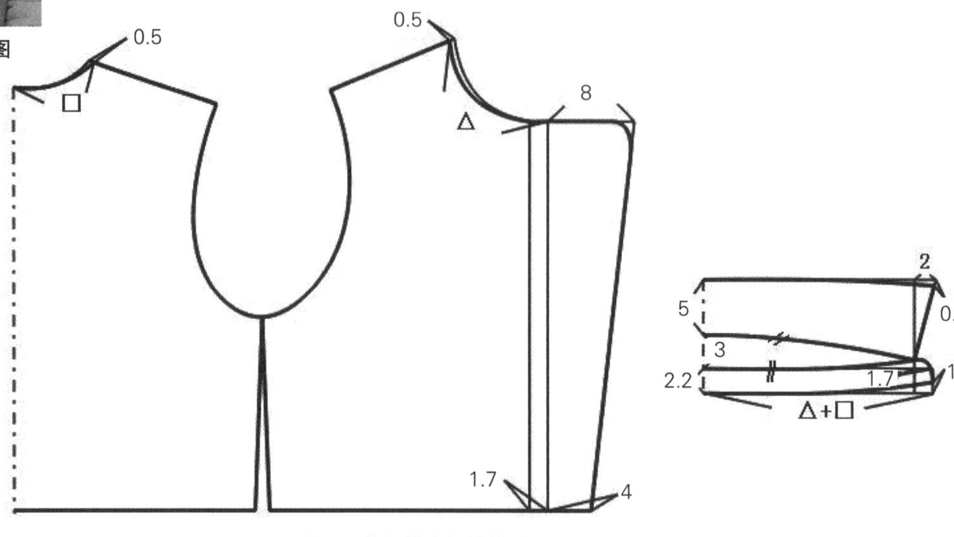

图5.8 偏门襟企领结构图

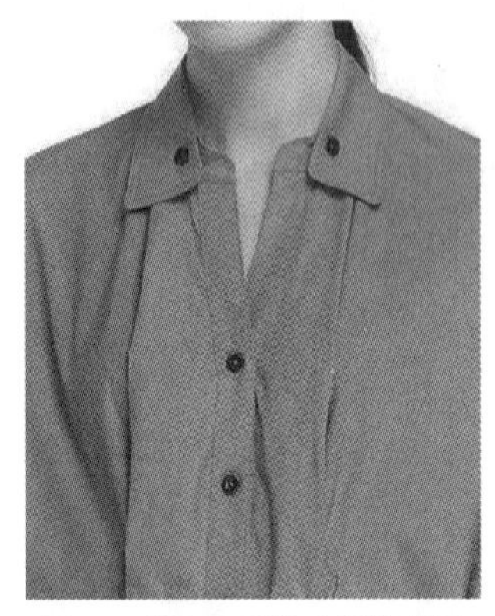

图5.9 领下口系扣企领款式图

二、领下口系扣企领

1. **款式特点：**该款翻领前端部分打破传统的翻领方式，在距前中心3cm处，翻领部分与领座缝合而是向下与衣身进行系扣处理，这成为该款的独特造型亮点（图5.9）。

2. **款式结构：**在原型领窝的基础上，领宽保持不变,后领深保持原型尺寸不变，前领深开深12cm，领座宽2.5cm，翻领宽设为5cm，在领子前中心3cm处不缝合（图5.10）。

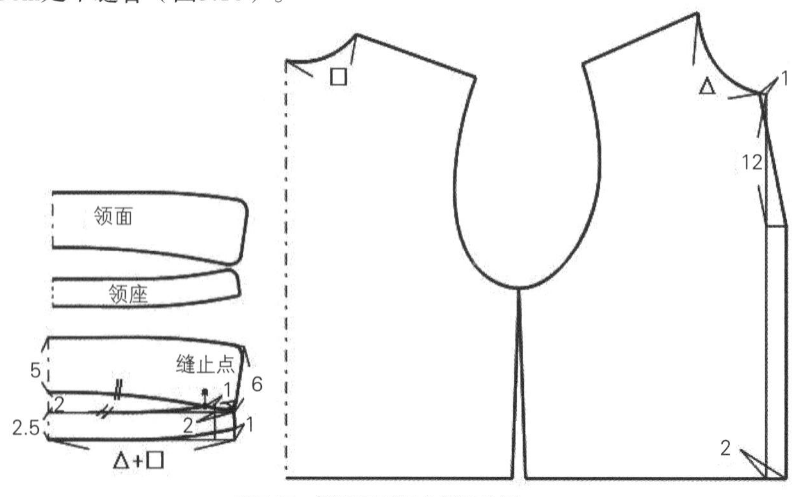

图5.10 领下口系扣企领结构图

图5.11　前领系扣企领款式图

三、前领系扣企领

1）**款式特点：**翻领部分的系扣设计、夸张的翻领高度，是该领造型的独特之处，这使整个领子造型变得丰富而活泼（图5.11）。

2）**款式结构：**在原型领窝的基础上，前后领宽沿肩线开宽0.5cm，前后领深保持原型尺寸不变，领座宽4cm，翻领宽设为8cm。领座起翘相对较大，翻领凹势也较大，以保证领子结构立体且贴体（图5.12）。

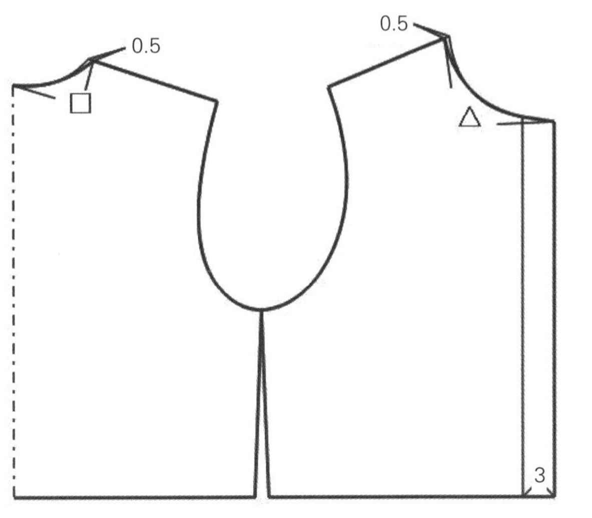

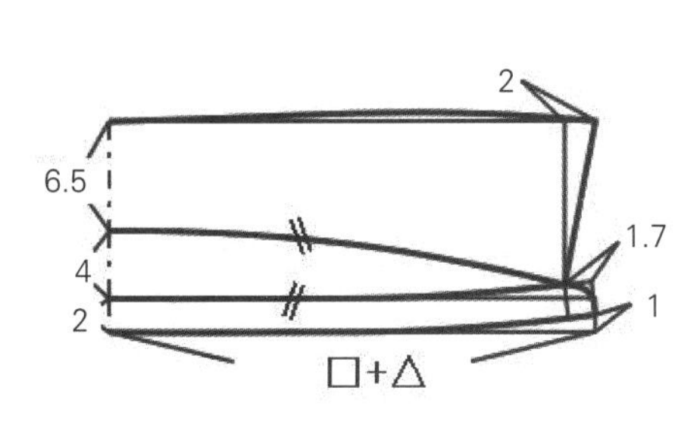

图5.12　前领系扣企领结构图

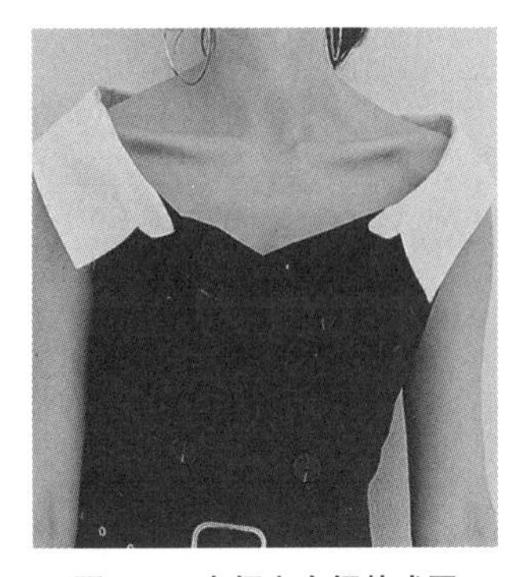

图5.13　大领宽企领款式图

四、大领宽企领

1）**款式特点：**夸张的领口宽度和领深设计，在视觉上使领子给人以性感又不失端庄，同时黑白的经典搭配，使整个领子显得格外高贵（图5.13）。

2）**款式结构：**在原型领窝的基础上，前后领宽沿肩线开宽至肩端点4cm处，前领深开深4cm，后领深开深5cm，领座宽2cm，翻领宽设为4.5cm，整体结构上领座起翘相对平坦（图5.14）。

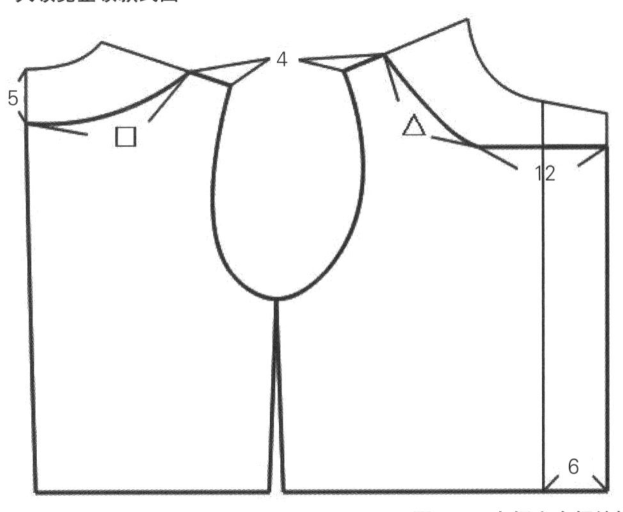

图5.14　大领宽企领结构图

五、门襟荷叶边贴体企领

1）款式特点：该款造型贴体，结合了基础企领与荷叶边的设计，整个领子造型显得韵律十足，极具时尚感（图5.15）。

2）款式结构：在原型领窝的基础上，前后领宽保持原型尺寸不变，前领深开深0.5cm，后领深不变，领座宽2cm，翻领宽设为4cm，衣身领口处荷叶边宽为14cm（图5.16）。

图5.15 门襟荷叶边贴体企领款式图

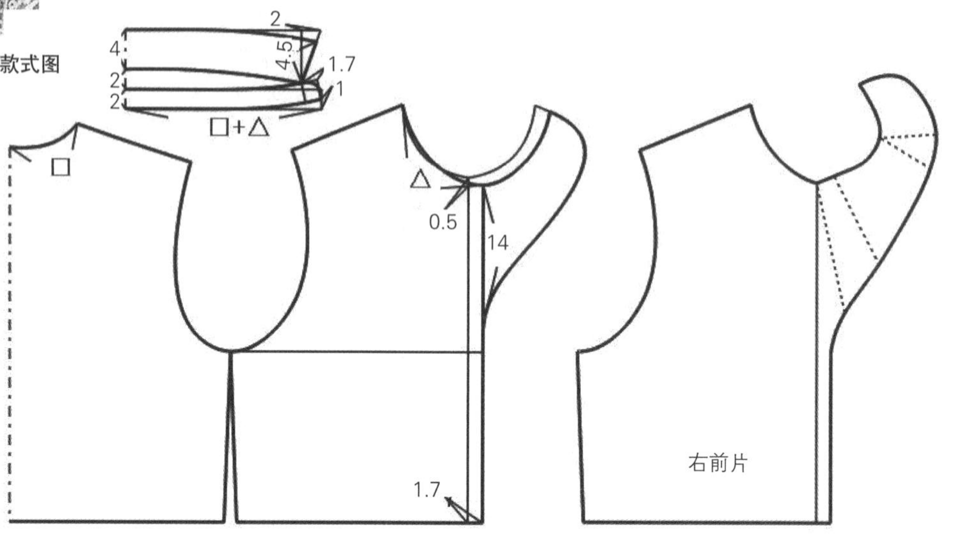

图5.16 门襟荷叶边贴体企领结构图

图5.17 大翻领企领款式图

六、大翻领企领

1）款式特点：该款造型简洁大气，翻领宽度较宽，完全包住人体颈部，整体款式风格休闲随意（图5.17）。

2）款式结构：在原型领窝的基础上，前后领宽沿肩线开宽0.5cm，前领深开深1cm，后领深不变，领座宽2.7cm，领面宽设为9cm（图5.18）。

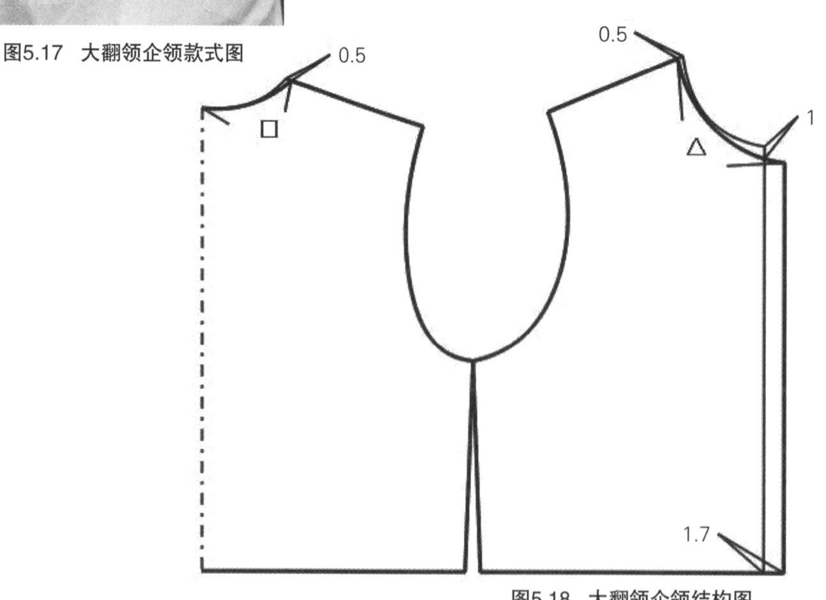

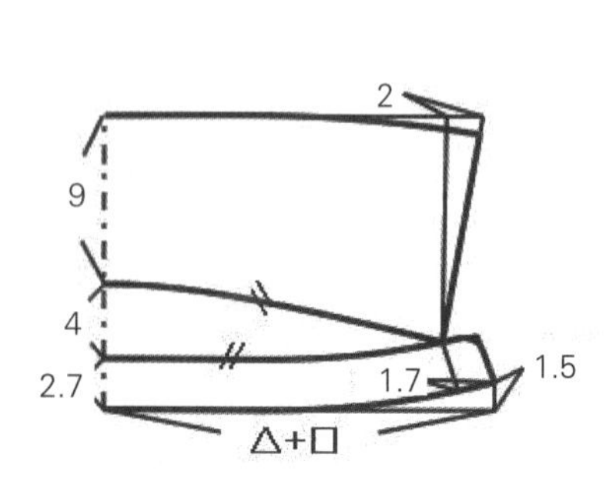

图5.18 大翻领企领结构图

图5.19 包边尖领角企领款式图

七、包边尖领角企领

1）**款式特点：**夸张尖角的领尖设计，结合翻领外口的包边工艺以及面料的花色，整个领子刚柔并济，使女性显得既干练中性又不失女性柔美活泼（图5.19）。

2）**款式结构：**领口整体结构保持原型尺寸及弧度不变，领座宽2cm，翻领在后中心处为6cm，前端宽度12cm，领外口包边宽为2cm（图5.20）。

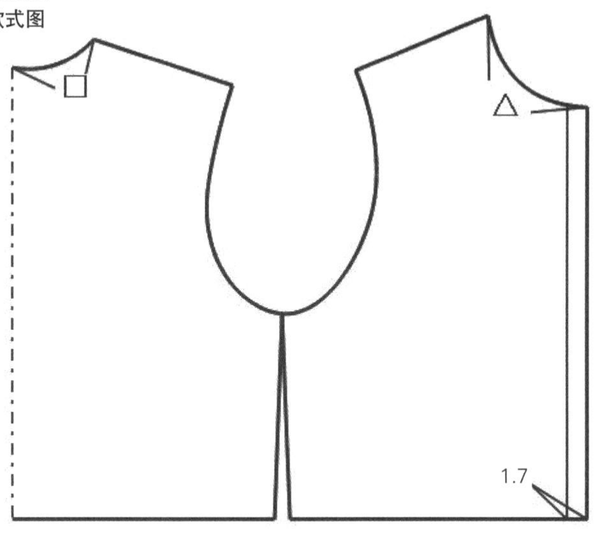

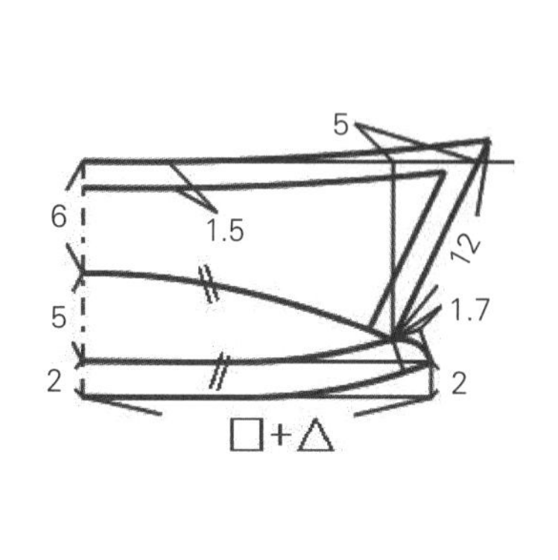

图5.20 包边尖领角企领结构图

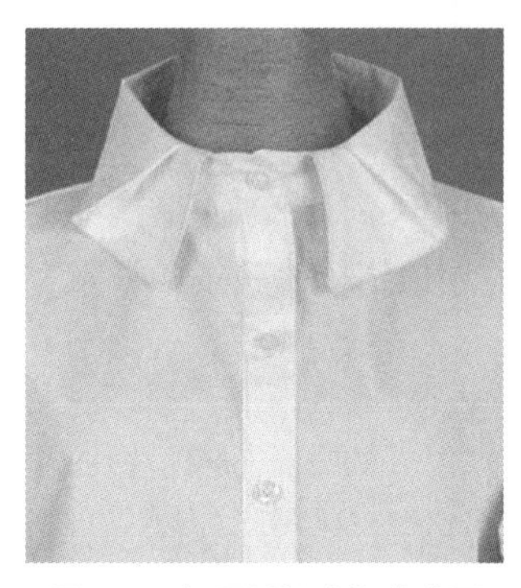

图5.21 领面活褶企领款式图

八、领面活褶企领

1）**款式特点：**该款整体造型呈直立效果，翻领前端处的褶处理是该款式最突出之处，领子围度相对宽松，使领子不是紧紧包围人体颈部，从而显得舒适随意（图5.21）。

2）**款式结构：**在原型基础上前后领宽沿肩线开宽1cm，领深保持原型尺寸不变，领座宽4.5cm，翻领宽度10cm，领子前端设有4cm褶裥（图5.22）。

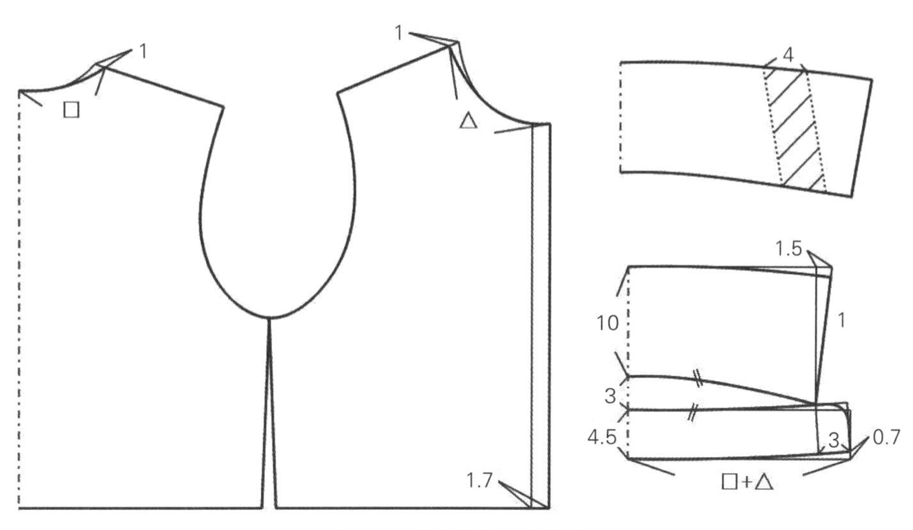

图5.22 领面活褶企领结构图

九、高领座企领

1）款式特点：该款领座较宽，在基础企领的基础上开深领深，翻领宽度与领座宽度接近，整个领子造型使女性显得干练职业，领子的弧线造型又凸显了女性的柔美（图5.23）。

2）款式结构：在原型基础上前后领宽沿肩线开宽1cm，后领深开深0.5cm，前领深开深3cm，领座宽4cm，翻领宽度5cm（图5.24）。

图5.23　高领座企领款式图

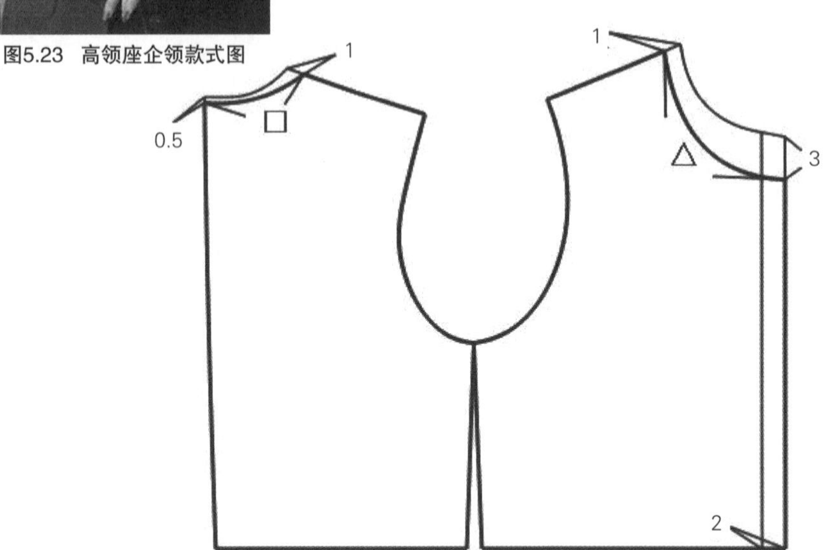

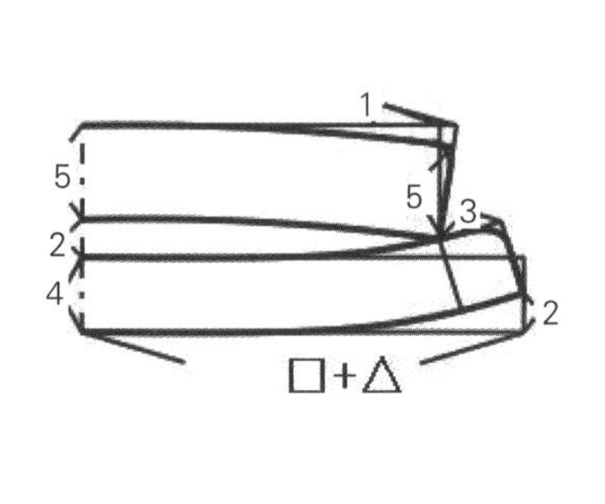

图5.24　高领座企领结构图

十、风衣企领

1）款式特点：该款属于经典的风衣企领，是女性风衣及春秋外套中较为常用的领子款式（图5.25）。

2）款式结构：在原型基础上前后领宽沿肩线开宽1cm，后领深保持原型尺寸不变，前领深开深1cm，双排扣门襟宽6cm，前领口搭门宽9cm，领座宽4cm，翻领宽度6cm（图5.26）。

图5.25　风衣企领款式图

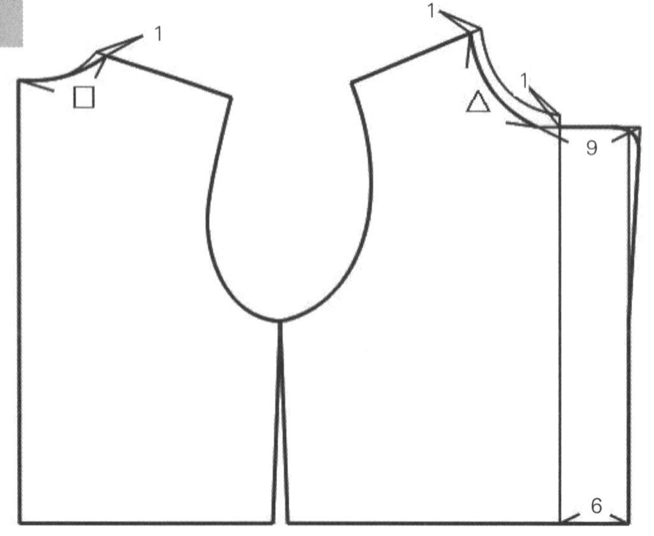

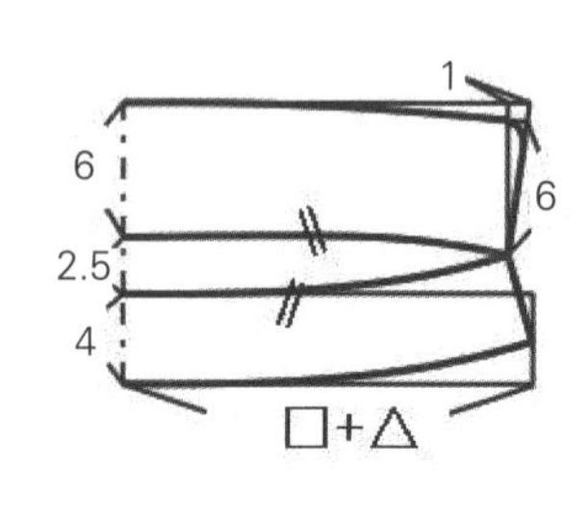

图5.26　风衣企领结构图

十一、领口省企领

1）**款式特点**：方形的造型与前衣身的褶裥及开口设计相结合，使原本老气而保守的领子变得时尚且造型新颖独特，使人显得年轻（图5.27）。

2）**款式结构**：在原型基础上前后领宽沿肩线开宽1cm，后领深保持原型尺寸不变，前领深开深2cm，前衣身领口处斜向设置省道方向，通过胸省合并转移，形成领口的活褶造型（图5.28）。

图5.27 领口省企领款式图

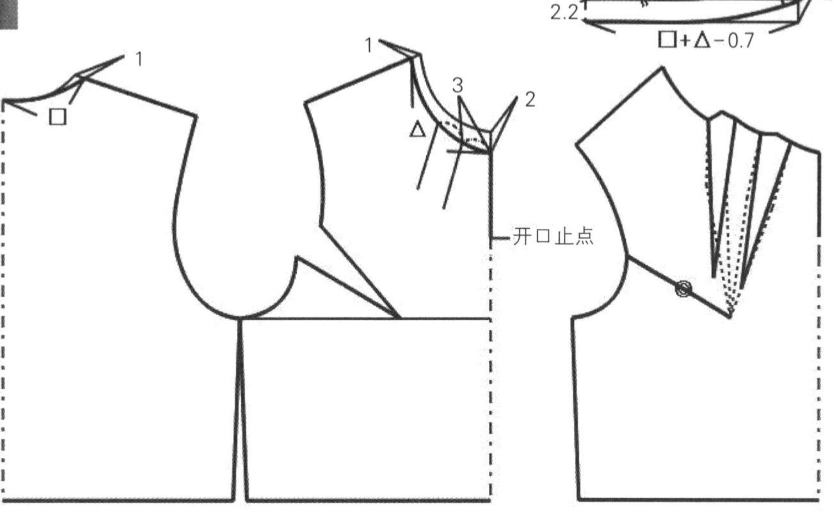

图5.28 领口省企领结构图

图5.29 军装风企领款式图

十二、军装风企领

1）**款式特点**：圆形的造型与前衣身的偏襟设计相结合，使该款企领具有军装风格，同时翻领外口的弧线设计使整个领子的风格刚柔并济，具有独特的魅力（图5.29）。

2）**款式结构**：在原型基础上前后领宽沿肩线开宽1cm，领深保持原型尺寸不变，前衣身偏襟宽度为4.5cm，领座宽度为2.5cm，翻领宽6cm（图5.30）。

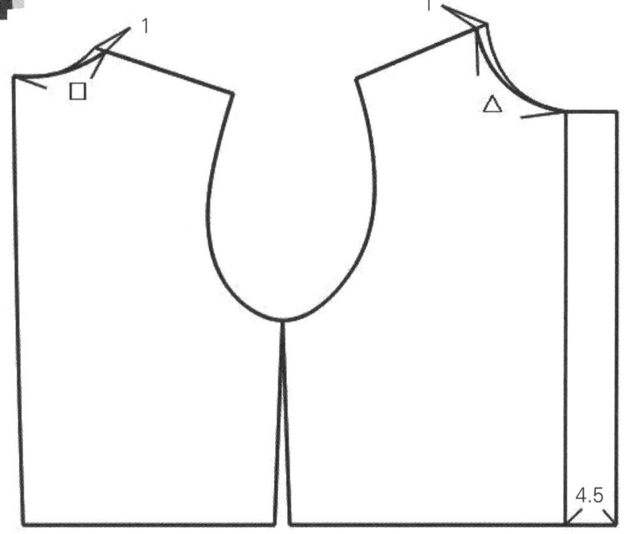

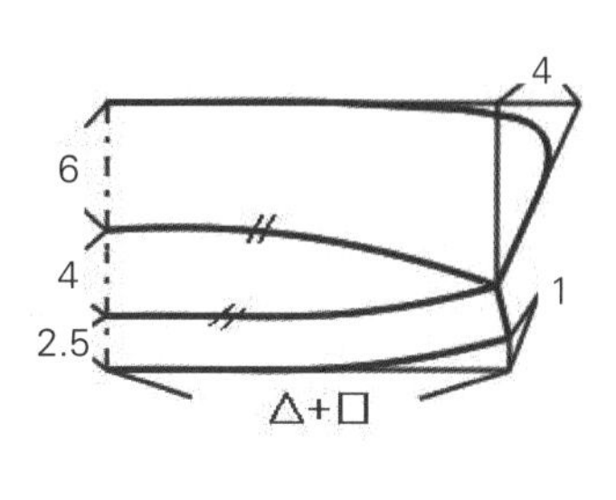

图5.30 军装风企领结构图

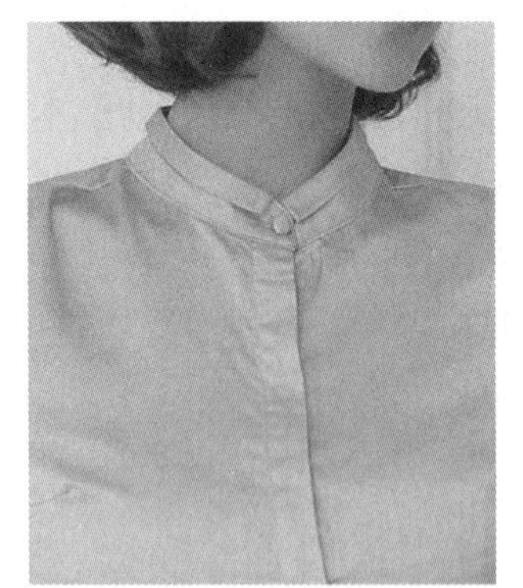
图5.31 小翻领企领款式图

十三、小翻领企领

1）**款式特点**：翻领的宽度明显小于领座，领子前端呈方形，整体造型显得新颖独特（图5.31）。

2）**款式结构**：原型结构尺寸保持不变，领座宽度3.5cm，翻领宽为1.5cm（图5.32）。

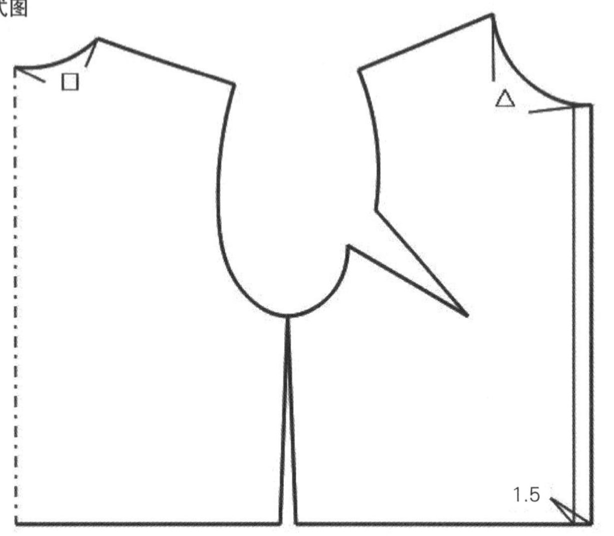

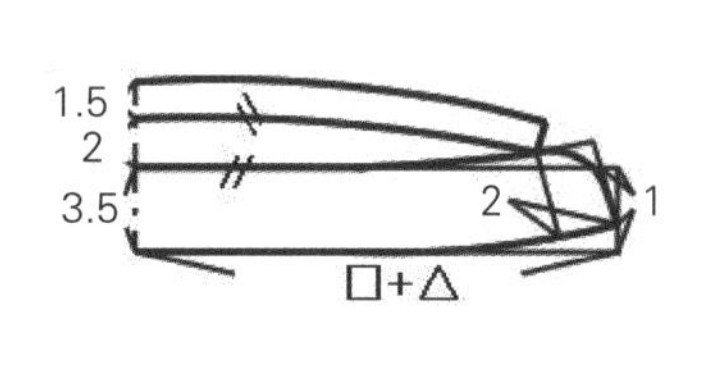

图5.32 小翻领企领结构图

图5.33 方领角企领款式图

十四、方领角企领

1）**款式特点**：加宽及加深的领口弧线设计及贴体的翻领效果，使整个领子的造型显得女性气息十足，而翻领前端的方形设计又为领子平添了几分休闲气息(图5.33)。

2）**款式结构**：在原型领口弧线基础上，前后领宽沿肩线加宽5cm，后领深开深1cm，前领深开深6cm，领座宽度2.2cm，翻领宽为5cm。同时为了保证领子的贴体度，分别加大领座的起翘和翻领的凹势（图5.34）。

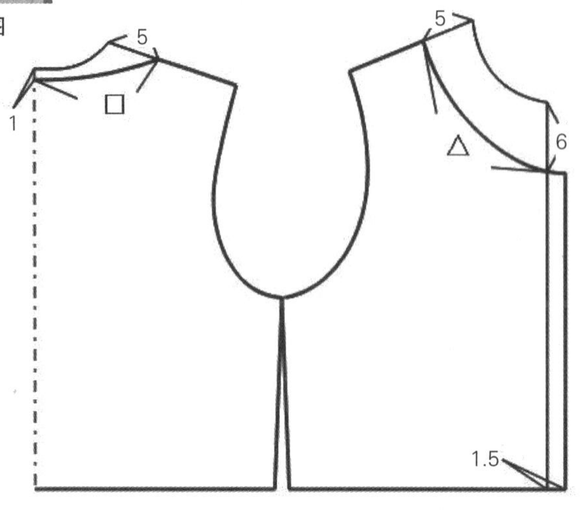

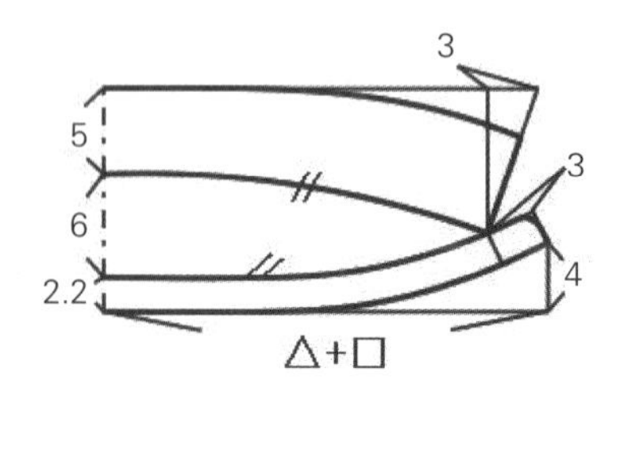

图5.34 方领角企领结构图

十五、前中心闭合企领

图5.35 前中心闭合企领款式图

1）**款式特点**：该款与众不同的是在领座的前中心处为闭合造型，领子的款式接近于娃娃领，翻领前中心处的方形设计又使该领子整体风格在柔美之余又添加了几分历练（图5.35）。

2）**款式结构**：领口弧线保持原型尺寸不变，领座宽度2.5cm，翻领宽后中线处为5cm。领座在前中心处为不断开结构设计（图5.36）。

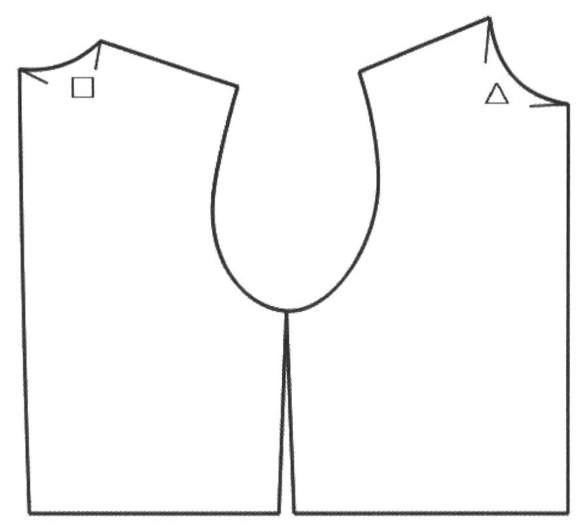

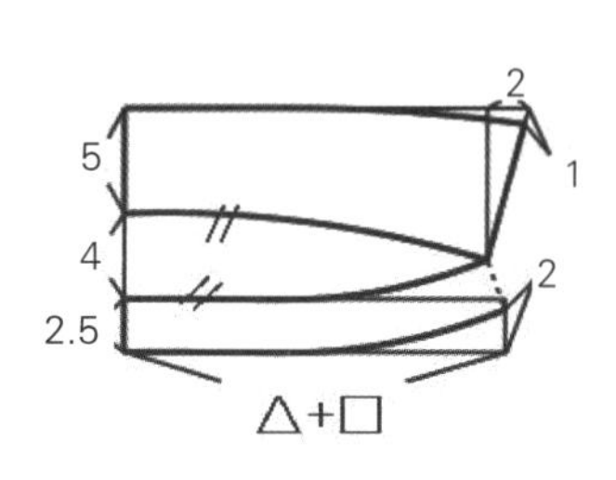

图5.36 前中心闭合企领结构图

十六、V形领口企领

图5.37 V形领口企领款式图

1）**款式特点**：该款结合了无领与企领的造型特征，领口部分造型呈深“V”形，企领部分缝合至前领口弧线约一半的位置，整个领子看起来随意舒适又不失性感（图5.37）。

2）**款式结构**：前后领宽在原型基础上开宽3cm，后领深开深1cm，前领深开深8cm，领座宽度2.5cm，翻领宽后中线处为4cm。前领口弧线的二分之一处为领座与领口的缝合止点（图5.38）。

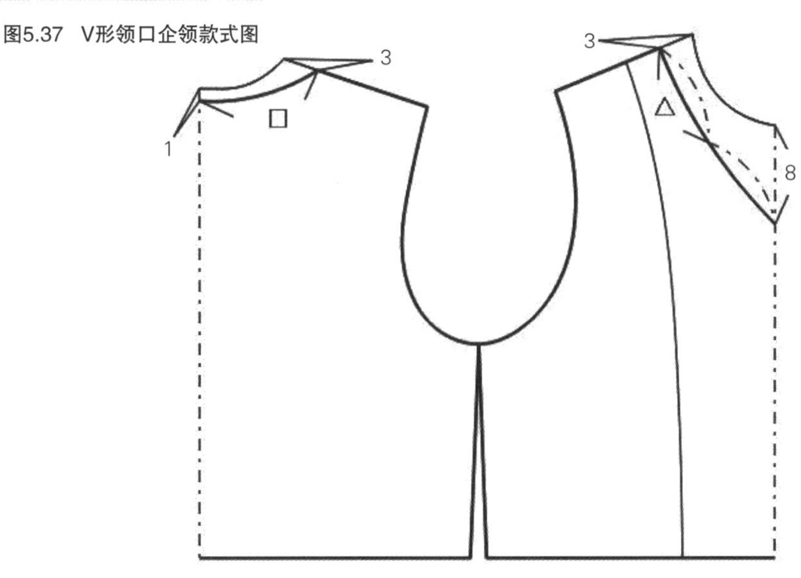

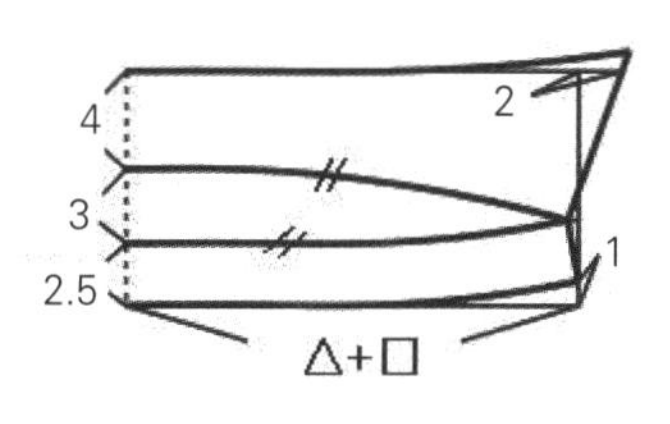

图5.38 V形领口企领结构图

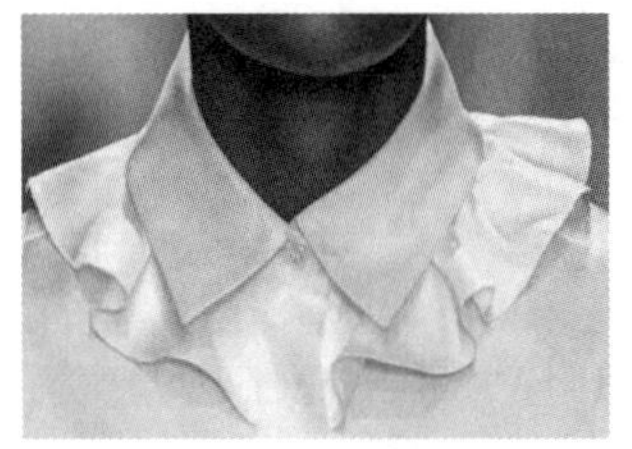

图5.39　荷叶边装饰企领款式图

十七、荷叶边装饰企领

1）**款式特点：**该款的翻领部分造型属于传统企领造型，突出之处是在领口与前衣身的荷叶边造型设计，为原本中规中矩的领子增加了灵动的气息（图5.39）。

2）**款式结构：**领口弧线造型保持原型尺寸不变。领座宽度2.5cm，翻领宽后中线处为4cm（图5.40）。

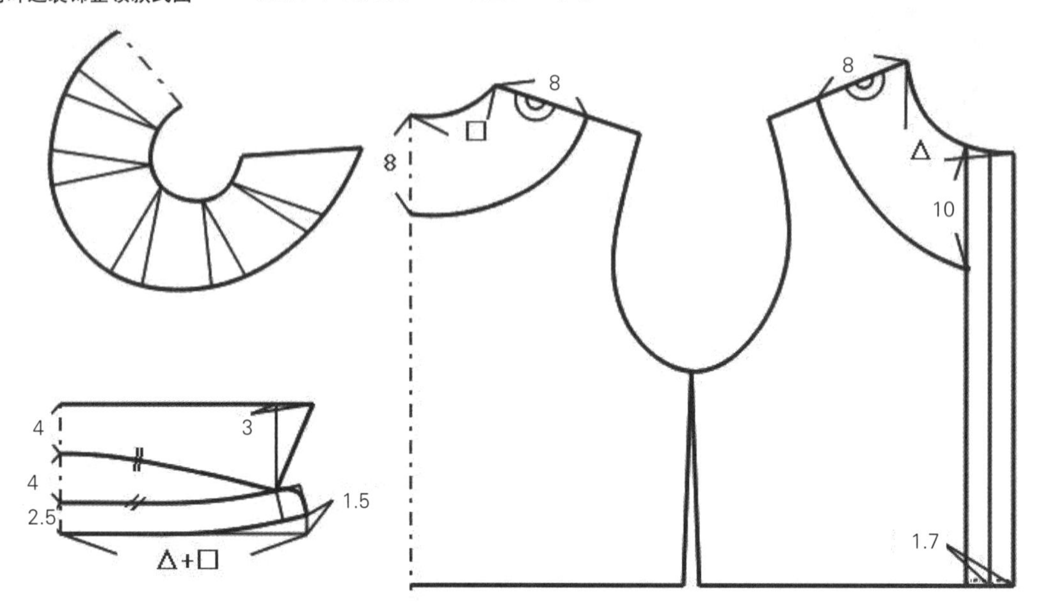

图5.40 荷叶边装饰企领结构图

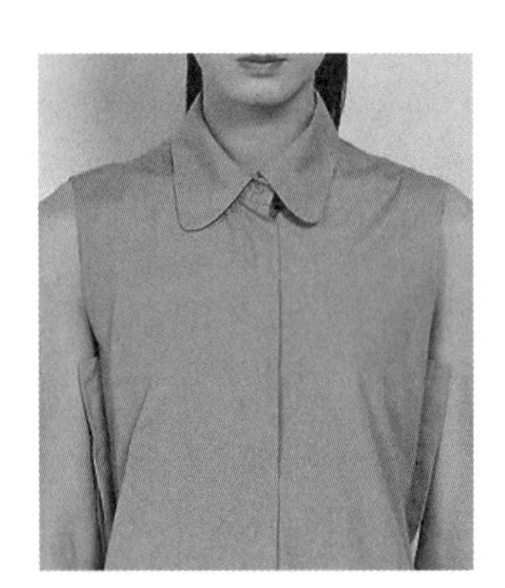

图5.41　圆领角贴体企领款式图

十八、圆领角贴体企领

1）**款式特点：**该款的翻领造型呈圆领角且贴体，领子线条圆顺流畅，给人以简约而不简单的视觉效果（图5.41）。

2）**款式结构：**前后领宽、后领深保持原型尺寸不变，前领深开深1cm，领座宽度2.5cm，翻领宽后中线处为5cm。前领中心做弧线处理（图5.42）。

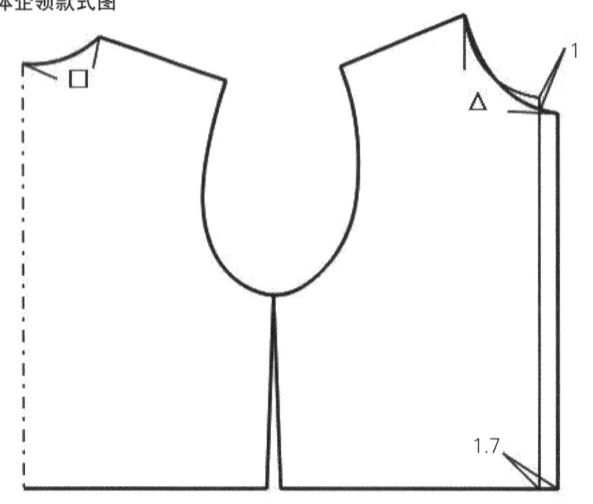

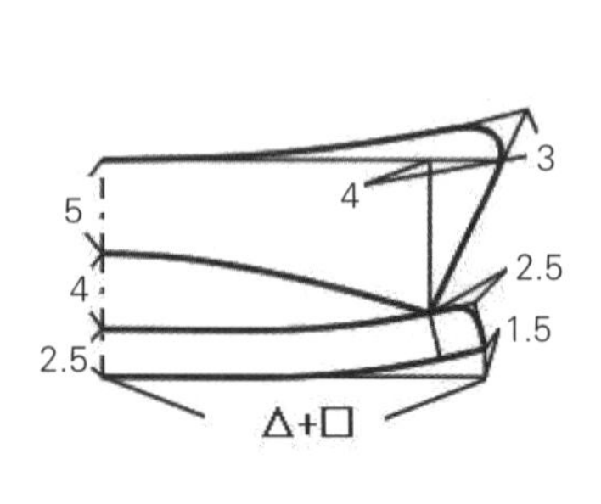

图5.42　圆领角贴体企领结构图

图5.43 月牙型领角企领款式图

十九、月牙型领角企领

1）**款式特点：**该款企领造型的主要特点是翻领宽与领座宽相同，以及前领的月牙造型设计，整个领型显得小巧可爱，可适用于春夏女衬衫（图5.43）。

2）**款式结构：**在原型基础上，前后领宽沿肩线开宽1.5cm，领深保持原型尺寸不变，领座宽与翻领宽均为3cm。前领中心处呈月牙形弧度造型（图5.44）。

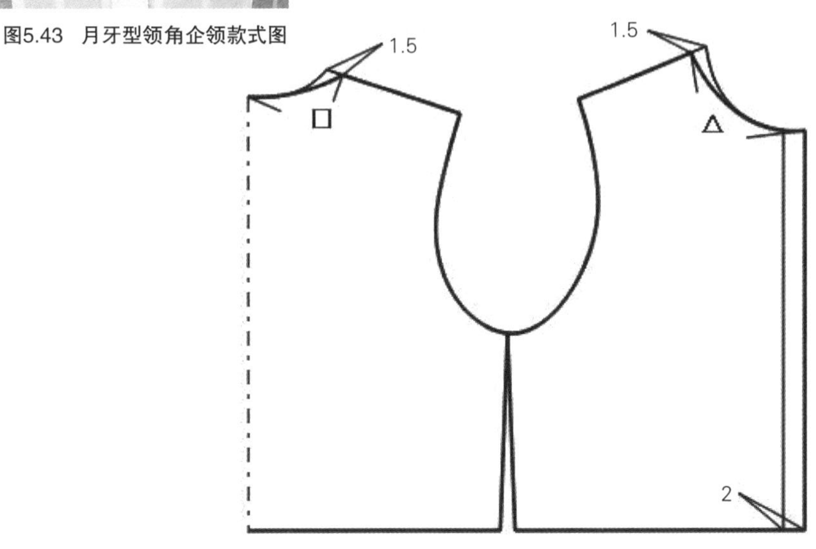

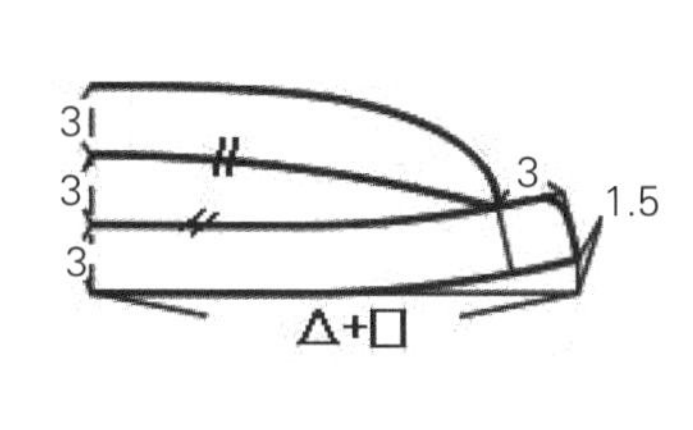

图5.44 月牙型领角企领结构图

图5.45 尖领角交叉企领款式图

二十、尖领角交叉企领

1）**款式特点：**尖型领角即左右交叉的翻领前端设计，及夸张的翻领宽度，是该款企领的独特之处，整个领子造型显得干练时尚，兼具休闲和职业感（图5.45）。

2）**款式结构：**领口宽度保持原型尺寸不变，后领深不变，前领深开深0.7cm，领座宽度为2.5cm，翻领宽7cm，距离前领中心3cm处为翻领与领座的缝合止点（图5.46）。

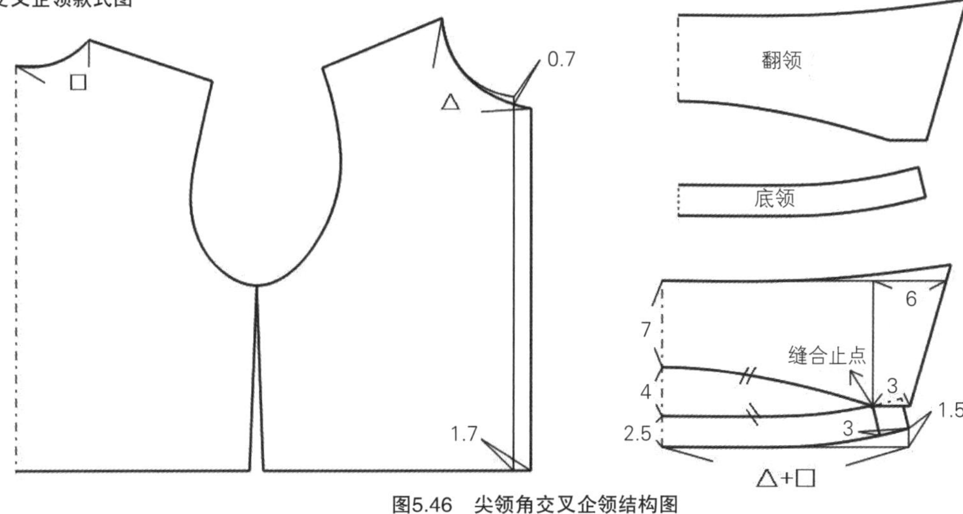

图5.46 尖领角交叉企领结构图

二十一、不对称企领

1）**款式特点：**该款最突出的特点是领子前端的左右不对称设计，尤其左领前端的大尖角设计更是突出了领子整体的独特感（图5.47）。

2）**款式结构：**衣身领口弧线保持原型尺寸不变，领座宽2.2cm，翻领宽5cm，右侧领前端呈方形，左侧呈尖角结构（图5.48）。

图5.47 不对称企领款式图

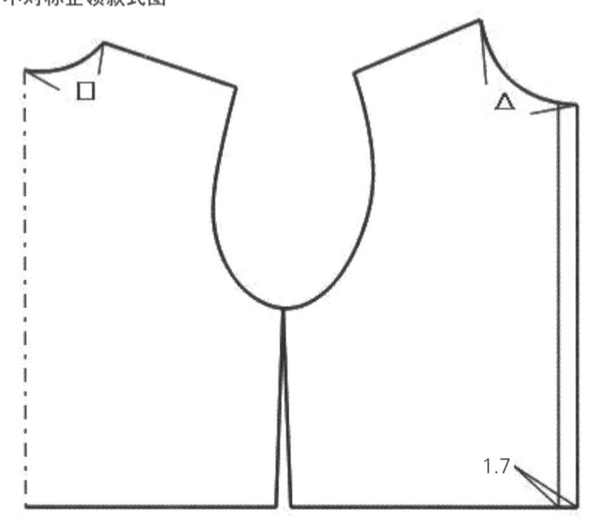

图5.48　不对称企领结构图

图5.49 大翻领企领款式图

二十二、大翻领企领

1）**款式特点：**该款夸张的领口宽设计，使真个领子造型在职业干练之外又多了几分休闲随意之感（图5.49）。

2）**款式结构：**领宽在原型基础上沿肩线开宽5cm，后领深在原型基础上向下开深，领面宽8cm，领座宽3.5cm，搭门宽设为12cm（图5.50）。

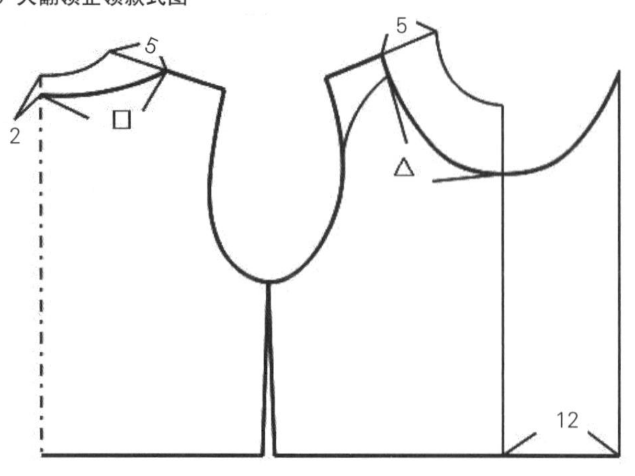

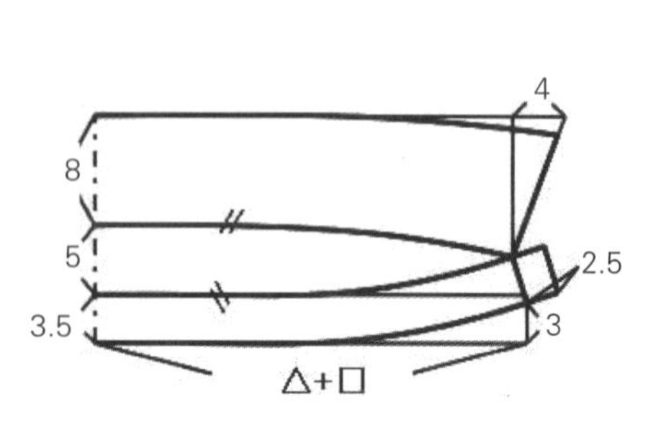

图5.50　大翻领企领结构图

图5.51　V形贴边企领款式图

二十三、V形贴边企领

1）**款式特点：** 该款前门襟领口处V形贴边的造型设计，结合企领造型，使领子显得活力十足（图5.51）。

2）**款式结构：** 领宽在原型基础上沿肩线开宽1cm，后领深不发生变化，领面宽5cm，领座宽3cm（图5.52）。

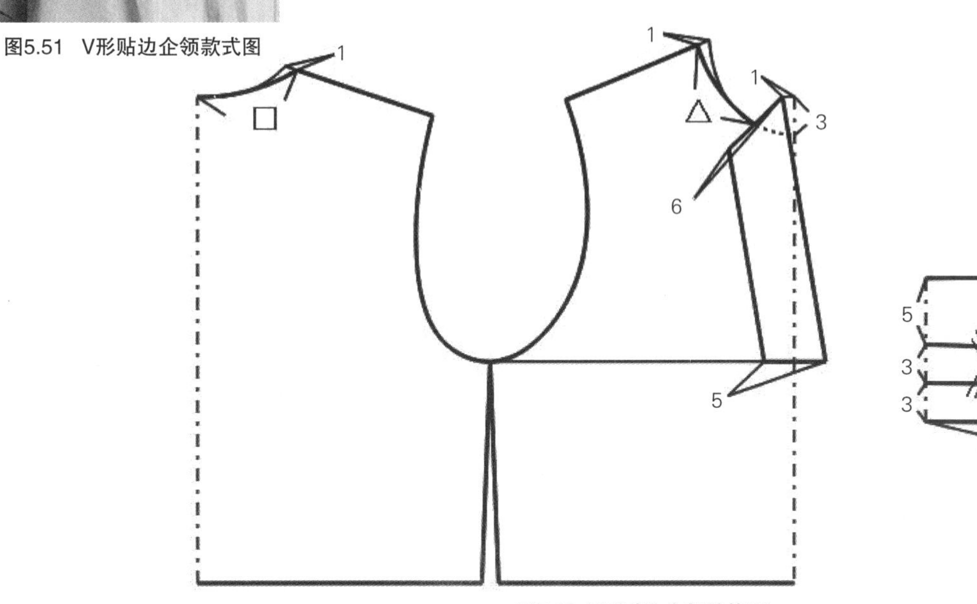

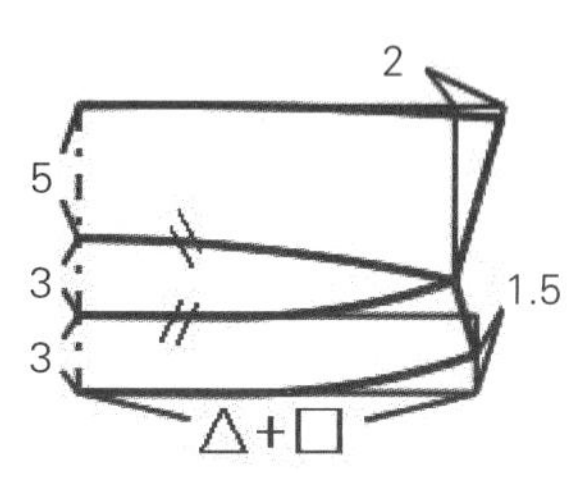

图5.52　V形贴边企领结构图

图5.53　双排扣小风衣企领款式图

二十四、双排扣小风衣企领

1）**款式特点：** 该款造型属于传统的双排扣小风衣企领结构，款式简单经典，常用于女式风衣中（图5.53）。

2）**款式结构：** 领宽在原型基础上沿肩线开宽0.5cm，后领深不发生变化，搭门宽设为8cm，领面宽6cm，领座宽2.5cm（图5.54）。

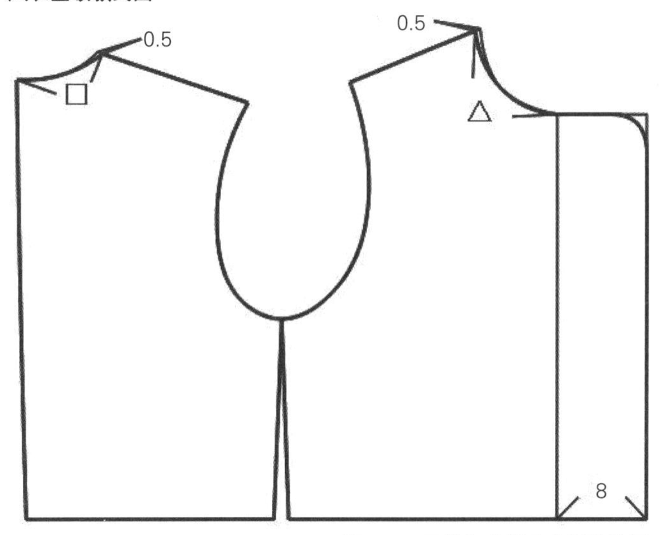

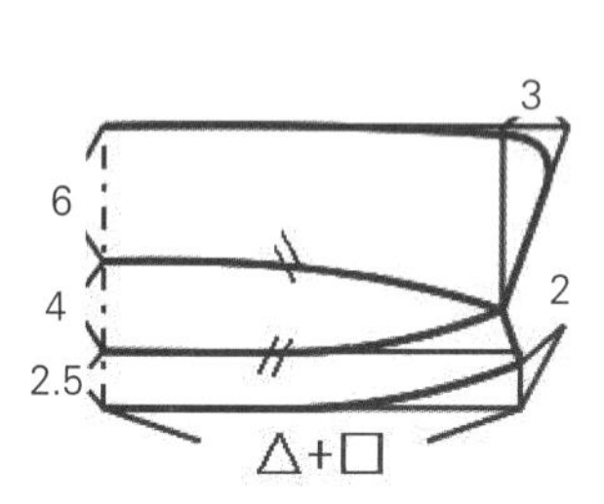

图5.54　双排扣小风衣企领结构图

第六章

驳领款式与结构设计

驳领在造型上属于开门领的一种。与其他领型相比，驳领最大的不同在于驳头部分贴合于人体胸部的造型特点。

第一节　驳领的结构原理与造型变化

一、驳领的结构原理

一般而言，驳领由翻领和驳头两部分组成。驳头部分与人体的前身贴合；翻领部分包括领座和领面两部分。各部位的结构线名称见图6.1。

驳领的结构原理与翻领基本相同，即领底弧度越大，领面与领座的尺寸差也就越大，领面容量也随之加大。由于驳领的领面在衣身部分要求与肩部完全贴合，因此领面与领座的容量差必须很小才能满足这一结构要求，这就要求在结构制图的过程中必须要有倒伏，即领底线在前中心处不能有起翘，只能在后中心处向下弯曲，这样才能保证领子在进行翻折的同时，领面在衣身的部分能够与肩部完全贴合。其基本结构见图6.2。

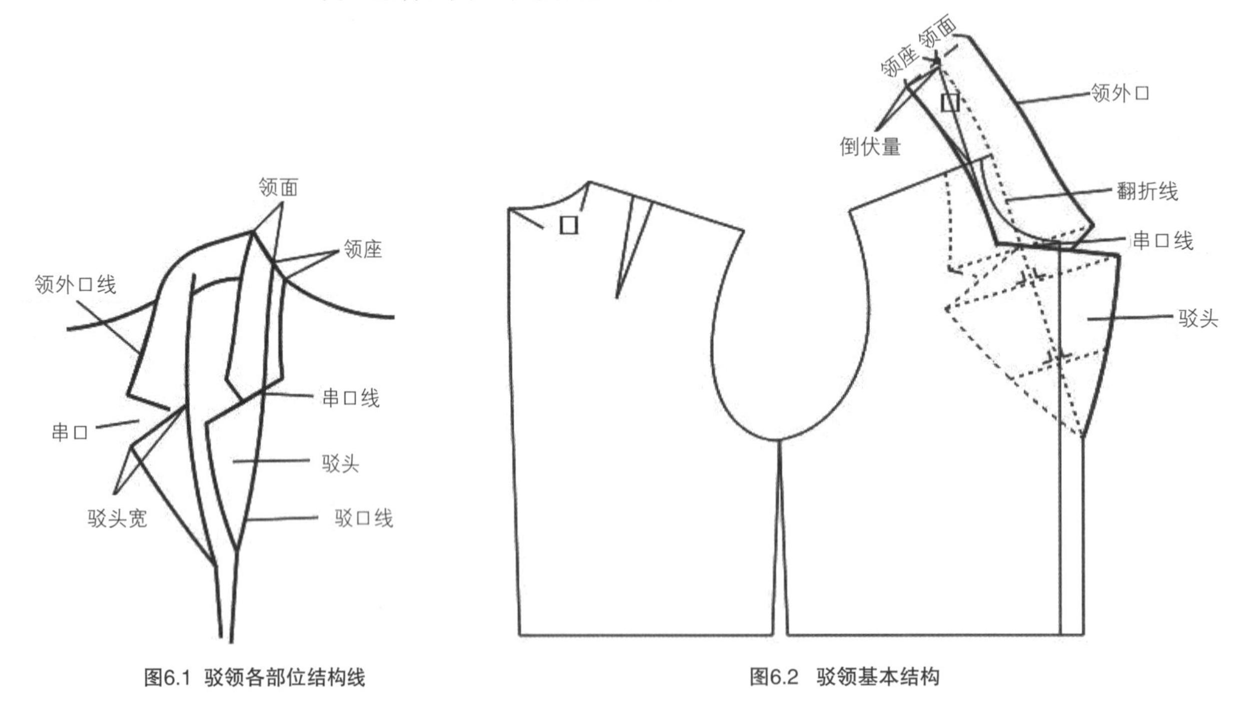

图6.1 驳领各部位结构线

图6.2 驳领基本结构

二、驳领的造型变化

驳领在造型上通常可以分为翻驳领、立驳领和连驳领。

翻驳领由翻领与驳头两部分组成。翻领包括领面与领座，领座下口弧线与衣身领口缝合并向外翻出，贴合于人体肩部；驳头与衣身挂面缝合，再由挂面向外翻出，并贴合于人体胸部（图6.3）。

立驳领由立领与驳头两部分组成，立领部分与衣身领口缝合，驳头与衣身挂面缝合，再由挂面向外翻出，并贴合于人体胸部（图6.4）。

连驳领，也叫连身驳领。该领型的翻领或立领部分与衣身驳头连为一体，构成领子的整体结构造型（图6.5）。

在造型上，驳领还可以按照驳头造型分为平驳头和戗驳头两种领型（图6.6、图6.7）。

图6.3　翻驳领

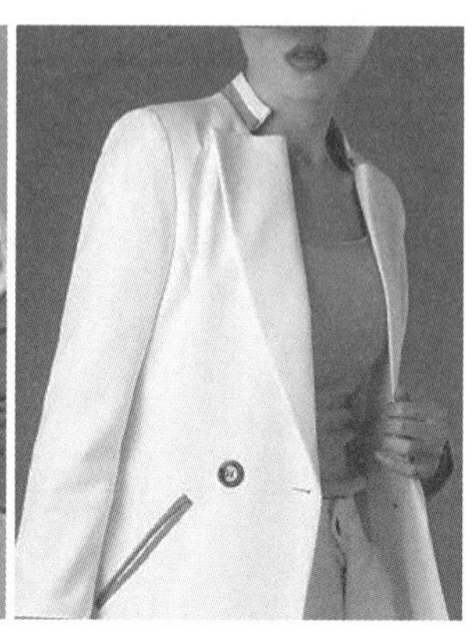

图6.4　立驳领

图6.5　连驳领

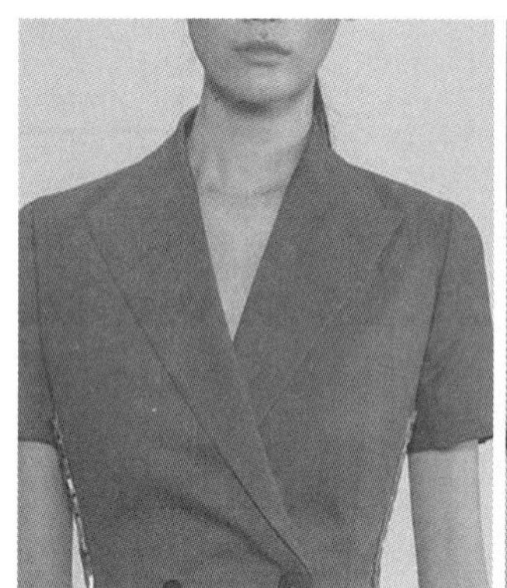

图6.6　平驳头

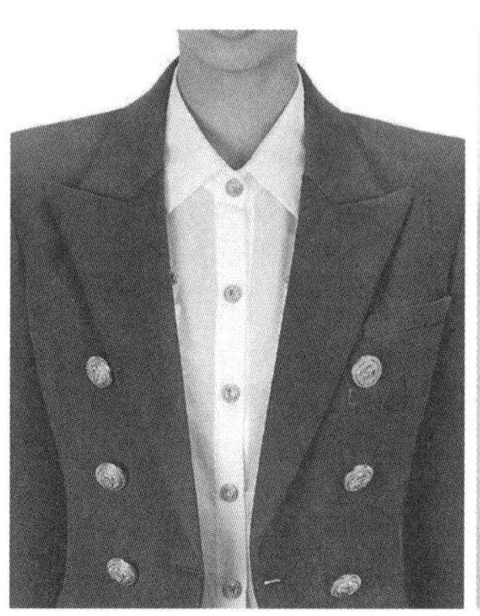

图6.7　戗驳头

第二节 驳领款式与结构设计实例

一、双层翻折平驳领

图6.8 双层翻领平驳领款式图

1）**款式特点：**该款的整体造型比例符合基本平驳领的规格尺寸，主要造型特点是翻领部分的双层设计，同时通过色泽上的区分，增加了整个领子的立体感（图6.8）。

2）**款式结构：**前后领宽保持原型尺寸不变，后领深也不发生变化，驳领翻折点设在腰围线向上10cm，驳头贴伏在前衣身的部分按照仿形映射的方法绘制，领面宽4.5cm，领座宽2.5cm（图6.9）。

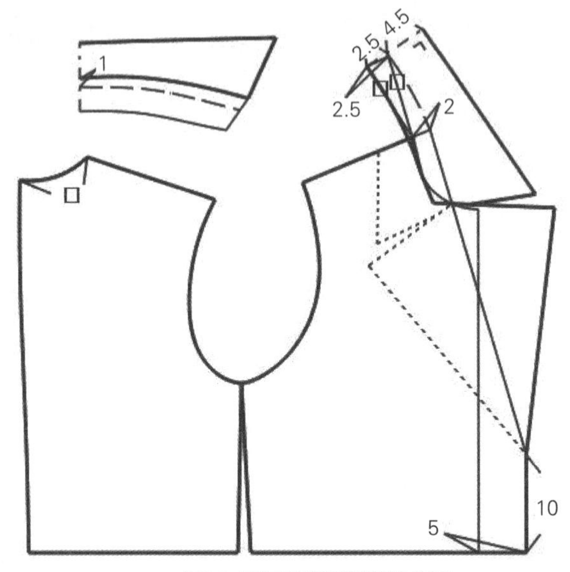

图6.9 双层翻领平驳领结构图

二、无串口平驳领

图6.10 无串口平驳领款式图

1）**款式特点：**该款的整体为造型无串口的平驳领。驳领翻折止点低于腰围，翻领部分也较基本领型偏低，最主要的造型特点是翻领与驳头为一个整体，没有断开（图6.10）。

2）**款式结构：**领宽在原型基础上沿肩线开宽1cm，后领深不发生变化，驳领翻折点设在腰围线向上7cm，领子贴伏在前衣身的部分按照仿形映射的方法绘制。搭门宽设为4cm，领面宽4cm，领座宽3cm（图6.11）。

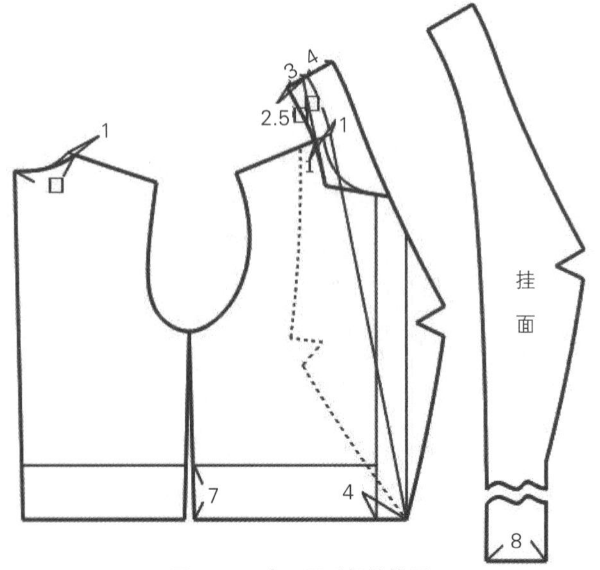

图6.11 无串口平驳领结构图

图6.12 宽双排扣驳领款式图

三、宽双排扣驳领

1）**款式特点：**该款属于双排扣宽驳领造型。整个驳领造型尺寸相对较宽，结构线条简洁流畅，适合于休闲风格的女装中（图6.12）。

2）**款式结构：**前后领宽在原型基础上保持不变，后领深不发生变化，驳领翻折点设在腰围线向上5cm,领子贴伏在前衣身的部分按照仿形映射的方法绘制。搭门宽设为5cm，领面宽8.5cm，领座宽3.5cm，领口前端做弧线造型（如图6.13）。

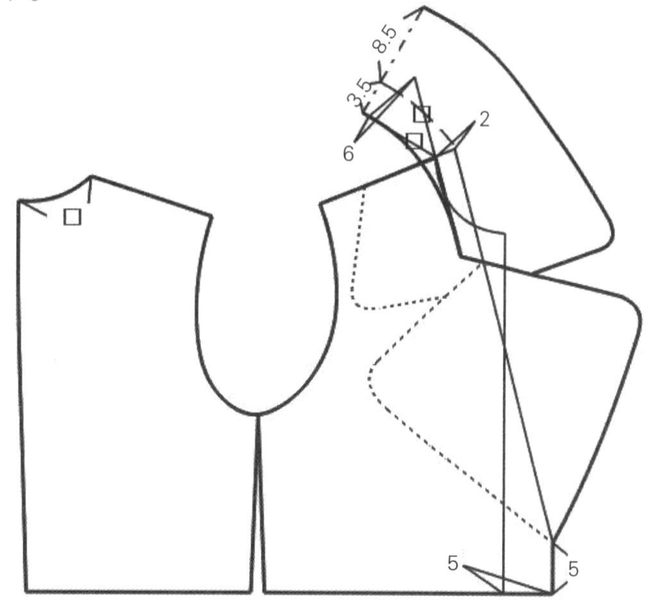

图6.13 宽双排扣驳领款式图

图6.14 叠加式宽驳领款式图

四、叠加式宽驳领

1）**款式特点：**整个驳领在翻领部分尺寸相对较宽，造型趋于中性帅气，翻领与驳头的部分叠加设计是该款领型的独特之处（图6.14）。

2）**款式结构：**前后领宽在原型基础上保持不变，后领深不发生变化，驳领翻折点设在胸围线处，领子贴伏在前衣身的部分按照仿形映射的方法绘制。领面宽9cm，领座宽3cm（图6.15）。

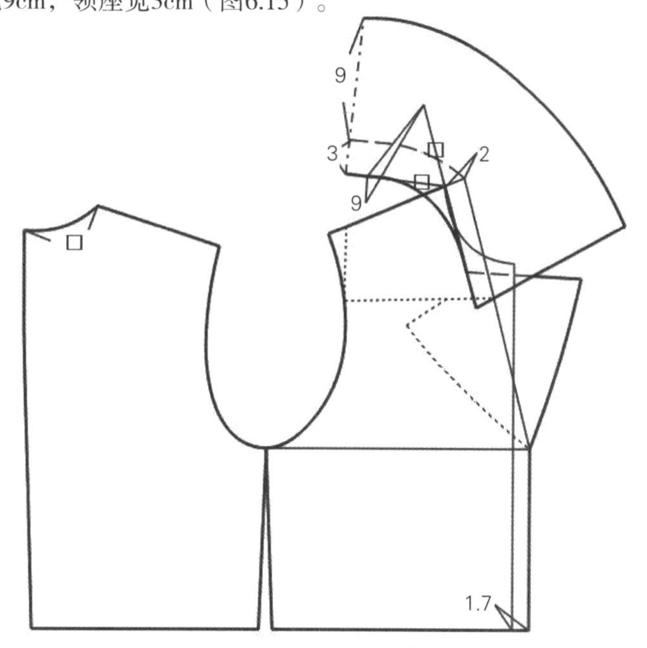

图6.15 叠加式宽驳领结构图

图6.16 尖领角驳领款式图

五、尖领角驳领

1）**款式特点：**该款造型独特之处在于突出的尖领角设计，同时翻领前端的弧线造型又为领子的整体风格增添了几分柔和（图6.16）。

2）**款式结构：**前后领宽在原型基础上保持不变，后领深不发生变化，驳领翻折点设在腰围线向上5cm处，领子贴伏在前衣身的部分按照仿形映射的方法绘制。搭门宽度6cm，领面宽5.5cm，领座宽3cm（图6.17）。

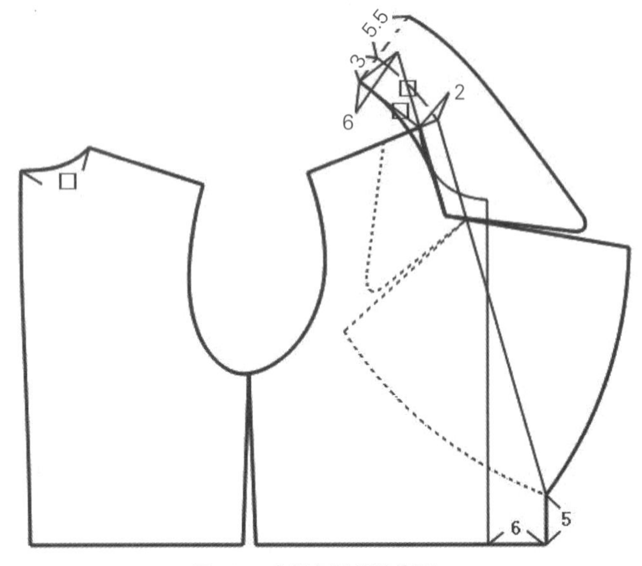

图6.17 尖领角驳领结构图

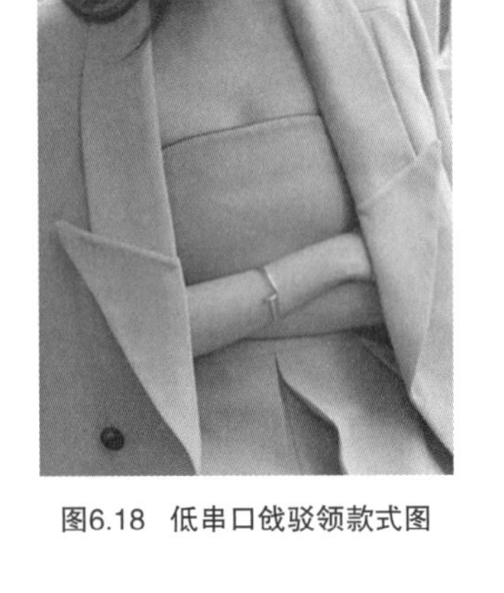

图6.18 低串口戗驳领款式图

六、低串口戗驳领

1）**款式特点：**该款打破了传统的翻领与驳头之间的比例及造型特点，夸张的翻领深度、独特的串口设计，使整个领子显得风格独特，洋气时尚（图6.18）。

2）**款式结构：**领宽在原型基础上保持不变，后领深不发生变化，驳领翻折点设在腰节线向下2cm处，领子贴伏在前衣身的部分按照仿形映射的方法绘制。搭门宽度5cm，领面宽3.5cm，领座宽2.5cm（图6.19）。

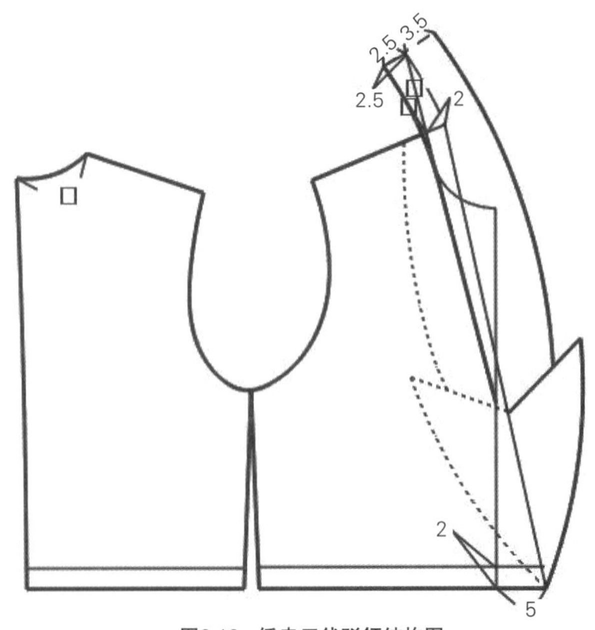

图6.19 低串口戗驳领结构图

图6.20 圆角镶边宽驳领款式图

七、圆角镶边宽驳领

1）**款式特点：**翻领及驳头前端的圆角弧线造型，以及镶边工艺的处理，使领子呈现出一种中西结合的风格（图6.20）。

2）**款式结构：**前后领宽在原型基础上保持不变，后领深不发生变化，驳领翻折点设在胸围线处,领子贴伏在前衣身的部分按照仿形映射的方法绘制。搭门宽度3cm，领面宽6.5cm，领座宽3.5cm，同时加大倒伏量，以满足领子外口的弧线长度（图6.21）。

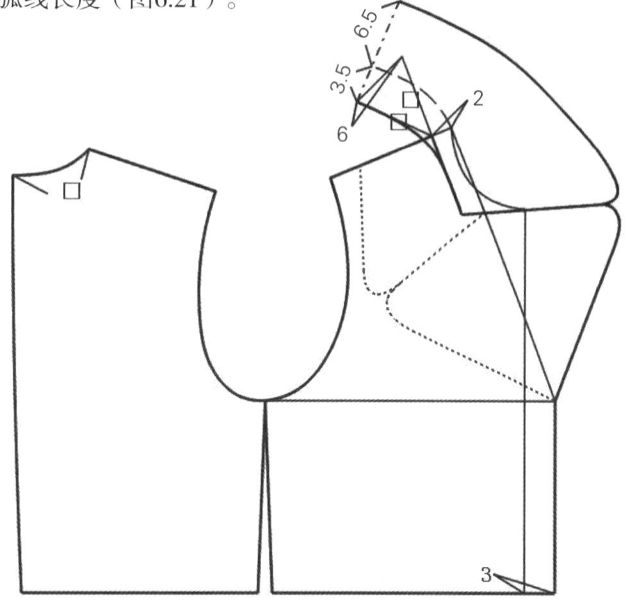

图6.21 圆角镶边宽驳领结构图

图6.22 青果领款式图

八、青果领

1）**款式特点：**该造型属于连驳领，又称青果领。翻领与驳头融为一体，同时贴边的裁剪要求在后中心处进行拼接，而衣身部分则要在领子结构线的适当部位剪断（图6.22）。

2）**款式结构：**前后领宽在原型基础上沿肩线开宽1cm，后领深不发生变化，驳领翻折点设在腰围线向上3cm处，领子贴伏在前衣身的部分按照仿形映射的方法绘制。搭门宽度2cm，领面宽3.5cm，领座宽2.5cm（图6.23）。

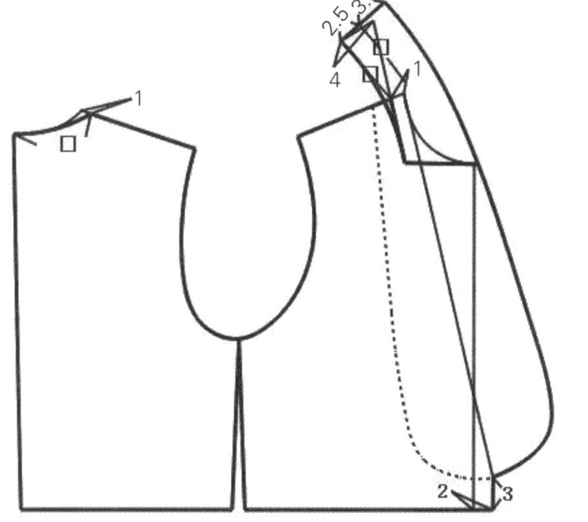

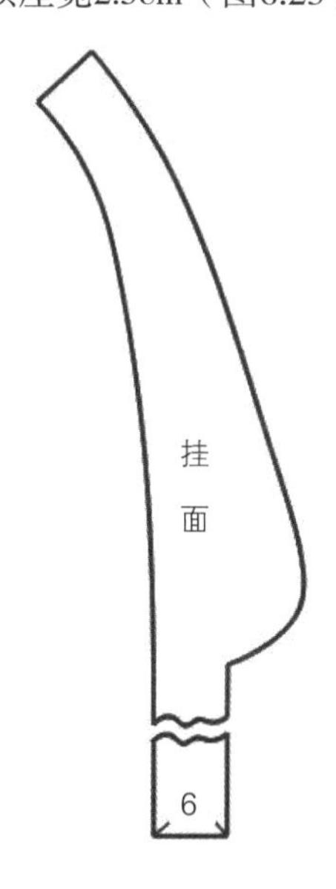

图6.23 青果领结构图

九、双排扣连驳领

1）**款式特点：**该领造型属于连驳领，是青果领的一种变型。翻领与驳头融为一体，同时贴边的裁剪要求在后中心处进行拼接，而衣身部分则要在领子结构线的适当部位断开（图6.24）。

2）**款式结构：**前后领宽保持原型尺寸不变，后领深不发生变化，驳领翻折点设在腰围线向上2cm处，领子贴伏在前衣身的部分按照仿形映射的方法绘制。搭门宽度6cm，领面宽6cm，领座宽3cm（图6.25）。

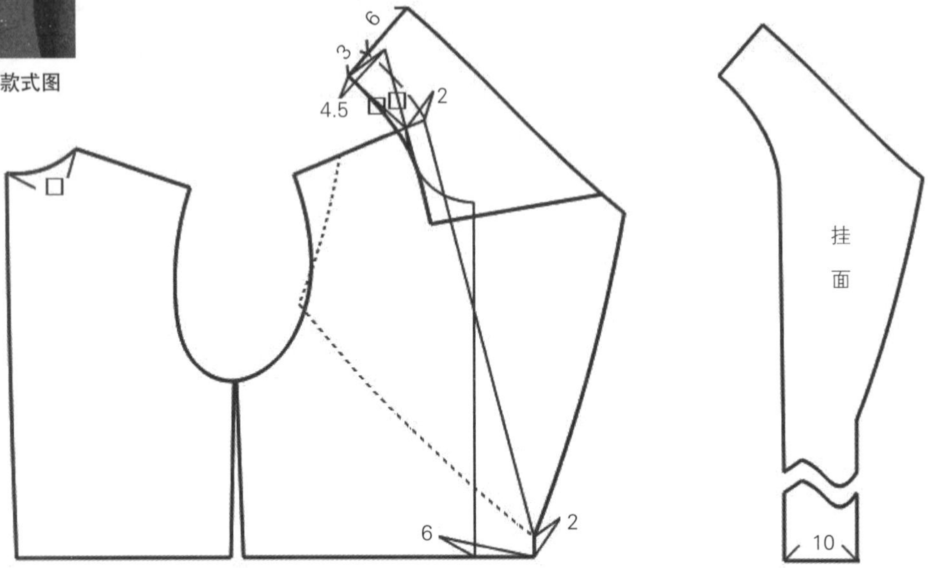

图6.24　双排扣连驳领款式图

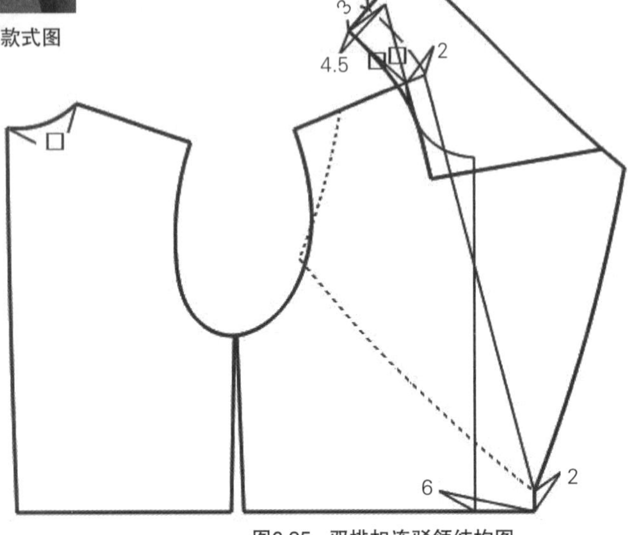

图6.25　双排扣连驳领结构图

十、低串口平驳领

1）**款式特点：**该款驳领属于低串口平驳领造型。貌似不成比例的翻领与驳头深度设计，恰恰是该款领型的新颖独特之处，整个领子风格看起来充满个性且不失时尚（图6.26）。

2）**款式结构：**前后领宽在原型基础上沿肩线开宽2cm，后领深不发生变化，驳领翻折点设在腰围线处，领子贴伏在前衣身的部分按照仿形映射的方法绘制。搭门宽度2.7cm，领面4.5cm，领座宽2.5cm（图6.27）。

图6.26　低串口平驳领款式图

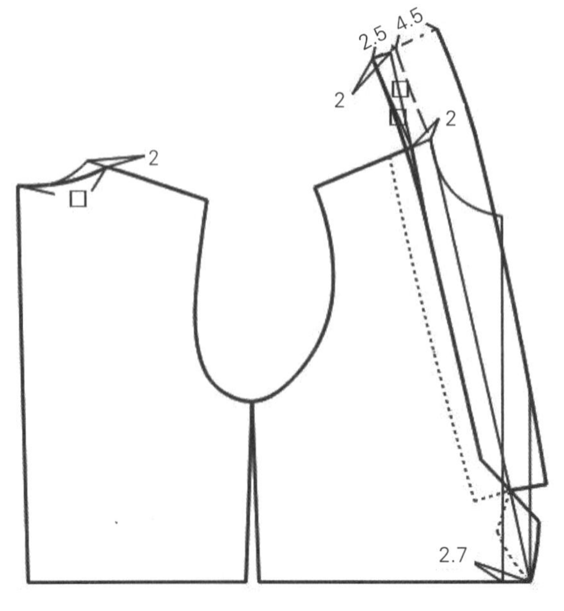

图6.27　低串口平驳领结构图

图6.28　窄驳领款式图

十一、窄驳领

1）**款式特点**：领子整体宽度较窄，造型风格看似中规中矩，但这恰恰是其最突出的特点，简约而不简单，传统经典是该款领子最大的特点（图6.28）。

2）**款式结构**：后领深在原型基础上不发生变化，驳领翻折点设在腰围线处，领子贴伏在前衣身的部分按照仿形映射的方法绘制。搭门宽度2cm，领面宽3.5cm，领座宽2cm（图6.29）。

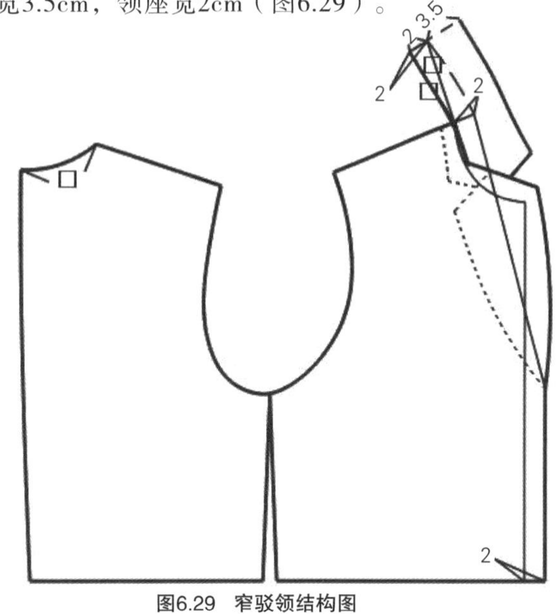

图6.29　窄驳领结构图

图6.30　镶边戗驳领款式图

十二、镶边戗驳领

1）**款式特点**：混色的戗驳领造型及镶边工艺设计是该款领型的亮点，典型的领子各部位比例分配，使整个领子既与众不同又不失驳领特有的款式特点（图6.30）。

2）**款式结构**：前后领宽在原型基础上沿肩线开宽1cm，后领深不发生变化，驳领翻折点设在腰围线处，领子贴伏在前衣身的部分按照仿形映射的方法绘制。无搭门设计，领面宽3.5cm，领座宽2cm（图6.31）。

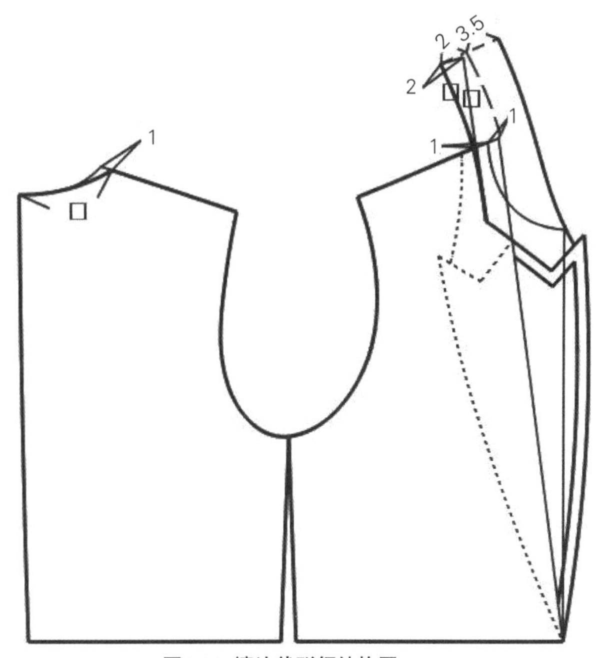

图6.31　镶边戗驳领结构图

图6.32　双排扣平驳领款式图

十三、双排扣平驳领

1）**款式特点**：该款造型属于双排扣平驳领，基础而传统，领子整体的结构设计及各部位比列分配也较为经典（图6.32）。

2）**款式结构**：前后领宽在原型基础上沿肩线开宽1cm，后领深不发生变化，驳领翻折点设在腰围线处,领子贴服在前衣身的部分按照仿形映射的方法绘制。搭门宽5cm，领面宽3cm，领座宽2cm（图6.33）。

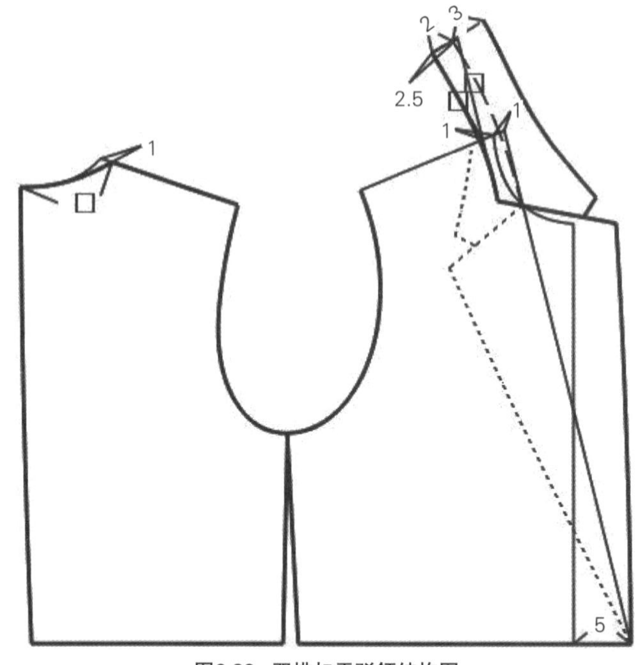

图6.33　双排扣平驳领结构图

图6.34　宽驳头驳领款式图

十四、宽驳头驳领

1）**款式特点**：该款经常会出现在秋冬季女式大衣上，驳头尺寸较宽，整个串口位置基本上呈直线造型，整个领子看起来颇具特色（图6.34）。

2）**款式结构**：前后领宽在原型基础上沿肩线开宽1cm，后领深不发生变化，驳领翻折点设在腰围线处,领子贴伏在前衣身的部分按照仿形映射的方法绘制。搭门宽2.5cm，领面宽4cm，领座宽3cm（图6.35）。

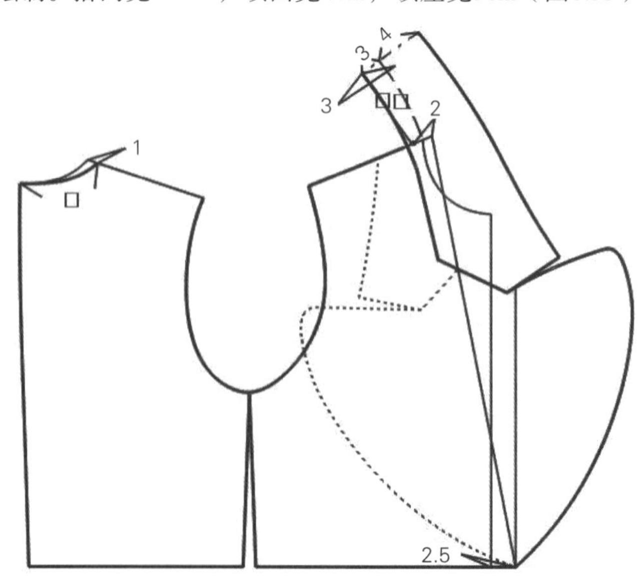

图6.35　宽驳头驳领结构图

图6.36 宽翻领驳领款式图

十五、宽翻领驳领

1）**款式特点：**该款改变了传统驳领造型中，驳领宽度大于翻领宽度的设计，宽大的翻领尺寸设计成为该款驳领的醒目特点（图6.36）。

2）**款式结构：**前后领宽在原型基础保持不变，后领深不发生变化，驳领翻折点设在腰围线向下5cm处，领子贴伏在前衣身的部分按照仿形映射的方法绘制。搭门宽4cm，领面宽3.5cm，领座宽2.5cm（图6.37）。

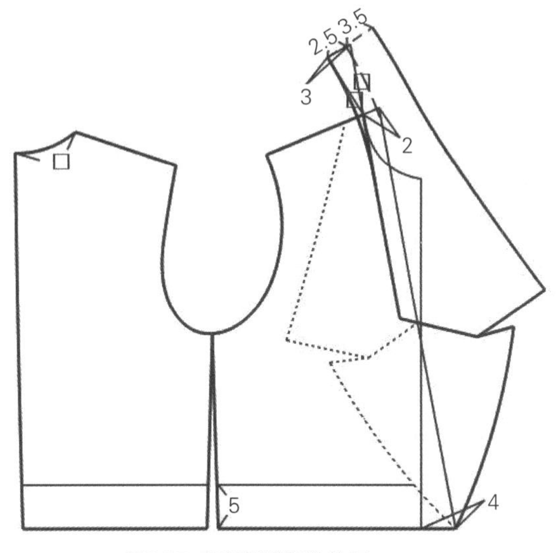

图6.37 宽翻领驳领结构图

图6.38 不对称驳领款式图

十六、不对称驳领

1）**款式特点：**该款呈不对称设计，性感、帅气、时尚、前卫（图6.38）。

2）**款式结构：**前后领宽在原型基础上保持不变，后领深不发生变化，领子贴服在前衣身的部分按照仿形映射的方法绘制。右衣身搭门宽5cm，领面宽3.5cm，领座宽2.5cm；左衣身领子部分呈青果领结构造型（图6.39、图6.40）。

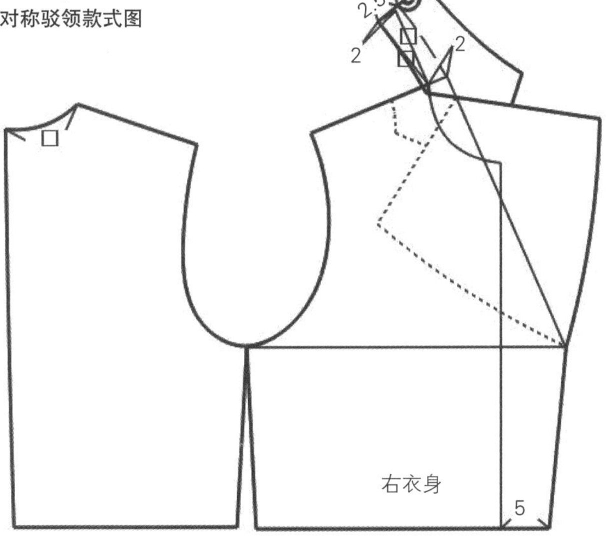

图6.39 不对称驳领结构图

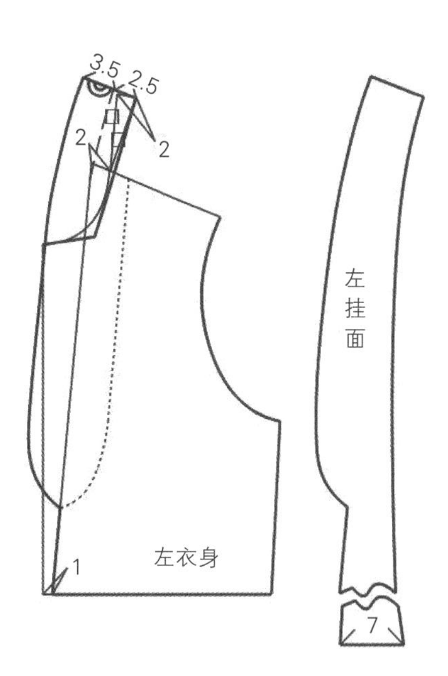

图6.40 不对称驳领结构图

图6.41　双排扣方驳头驳领款式图

十七、双排扣方驳头驳领

1）**款式特点**：独特的方驳头设计，简单大气的双排扣造型，结合腰带部位的别致设计，以及驳领顶端的方形结构，成就了该领型的独特创意（图6.41）。

2）**款式结构**：前后领宽在原型基础上沿肩线开宽1cm，后领深不发生变化，驳领翻折点设在腰围线向下6cm处，领子贴伏在前衣身的部分按照仿形映射的方法绘制。搭门宽8cm，领面宽5cm，领座宽3cm（图6.42）。

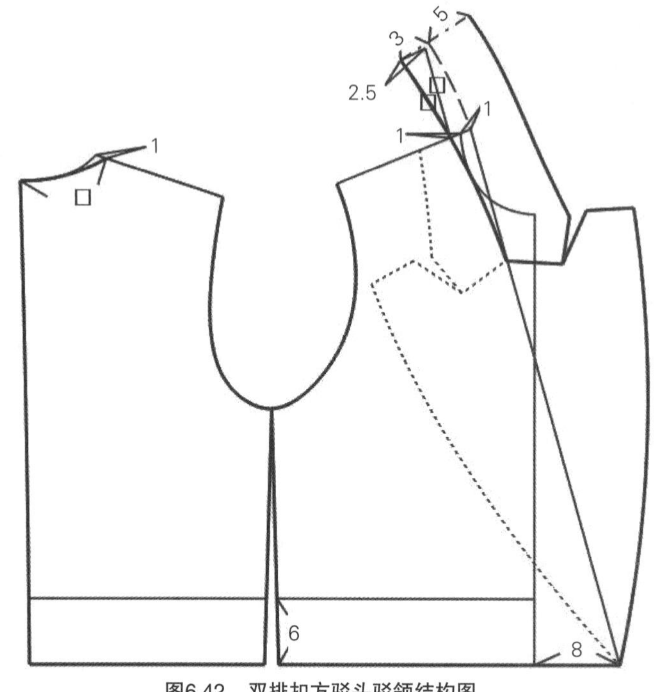

图6.42　双排扣方驳头驳领结构图

图6.43　系带青果领款式图

十八、系带青果领

1）**款式特点**：柔和的面料颜色、醒目的绣花设计、纤细的领口系带结合柔和的领子弧线造型，呈现出一款少女气息十足的驳领款式（图6.43）。

2）**款式结构**：前后领宽在原型上基础沿肩线开宽2cm，后领深不发生变化，驳领翻折点设在腰围线处，无搭门设计,领面宽10cm，领座宽3cm（图6.44）。

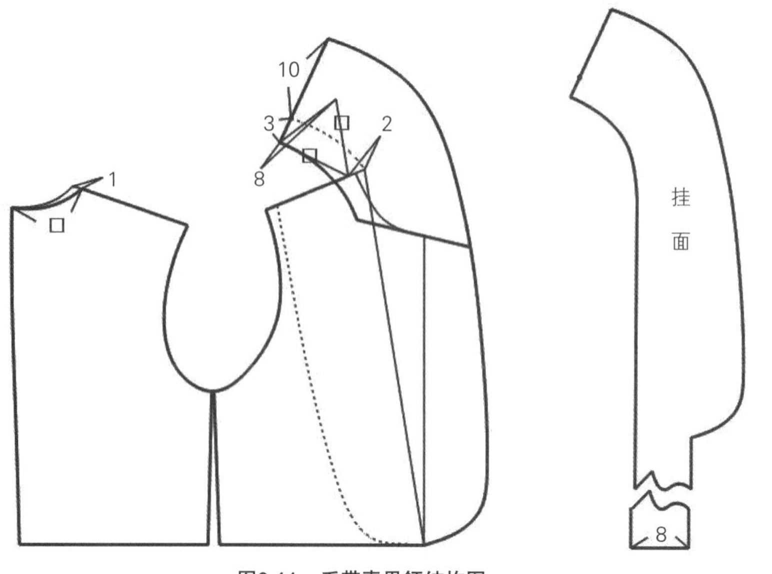

图6.44　系带青果领结构图

图6.45 大翻领驳领款式图

十九、大翻领驳领

1）**款式特点**：夸张的翻领宽度设计及与众不同的搭门设计，是该款驳领造型标新立异之处（图6.45）。

2）**款式结构**：前后领宽在原型基础上沿肩线开宽2cm，后领深不发生变化，领子贴伏在前衣身的部分按照仿形映射的方法绘制。搭门宽4cm，领面宽8cm，领座宽4cm（图6.46）。

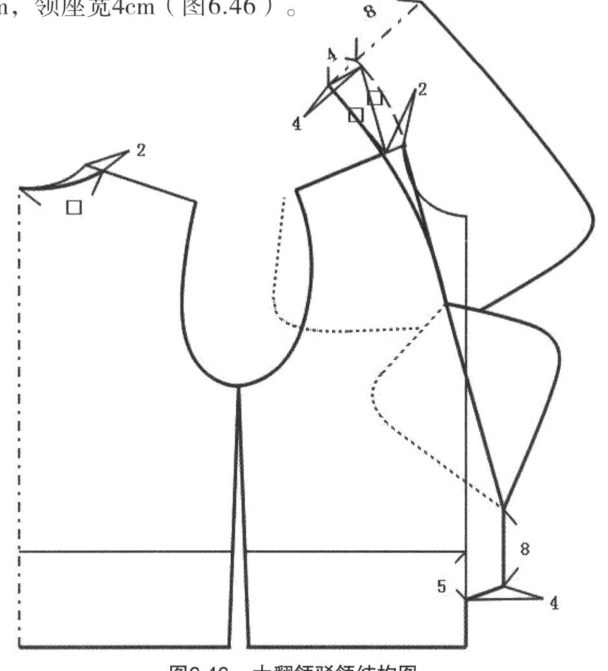

图6.46 大翻领驳领结构图

图6.47 方型翻领驳领款式图

二十、方型翻领驳领

1）**款式特点**：该款在翻领前端独特的方形造型设计，使原本很基础的领子造型变得富有设计感（图6.47）。

2）**款式结构**：前后领宽在原型基础上保持不变，后领深不发生变化，驳领翻折点设在腰围线向上5cm处，领子贴伏在前衣身的部分按照仿形映射的方法绘制。搭门宽4cm，领面宽4.5cm，领座宽2.5cm（图6.48）。

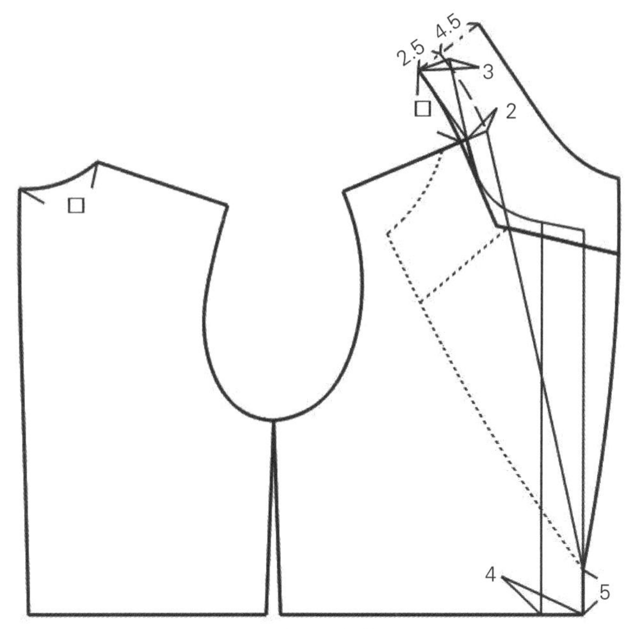

图6.48 方型翻领驳领结构图

图6.49　窄翻领驳领款式图

二十一、窄翻领驳领

1）**款式特点：**该款翻领较窄，领口开深较低，主要的款式特点体现在驳领与翻领缝合处的独特弧线造型，让整个领子风格不拘泥于传统的职业装驳领（图6.49）。

2）**款式结构：**前后领宽在原型基础沿肩线开宽1cm，后领深不发生变化，驳领翻折点设在腰围线向下4cm处,领子贴伏在前衣身的部分按照仿形映射的方法绘制。搭门宽4cm，领面宽3cm，领座宽2cm（图6.50）。

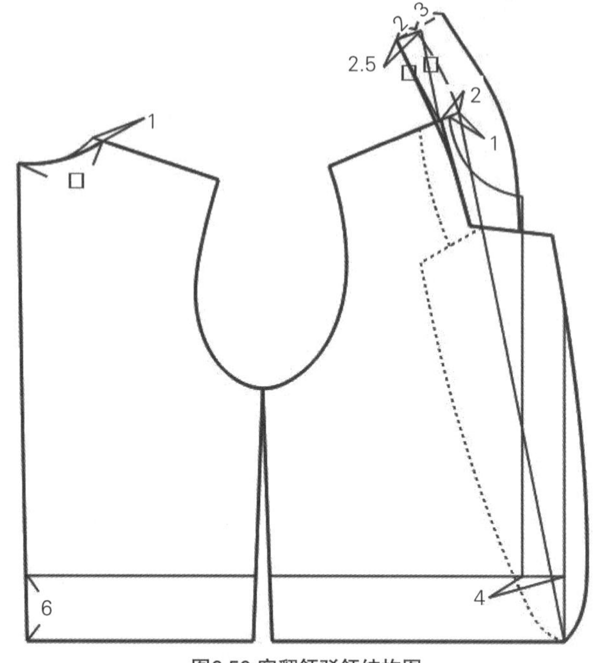

图6.50 窄翻领驳领结构图

图6.51　双排扣宽驳领款式图

二十二、双排扣宽驳领

1）**款式特点：**帅气随性是该款领型的主要特征，大气的领子尺寸设计，使原本中规中矩的领子造型变得新颖时尚（图6.51）。

2）**款式结构：**领宽保持原型尺寸不变，驳领翻折点设在腰围线处,领座宽为3cm，领面宽为8cm，搭门宽设为5cm，领子贴合衣身的部分采用仿形映射法进行绘制（图6.52）。

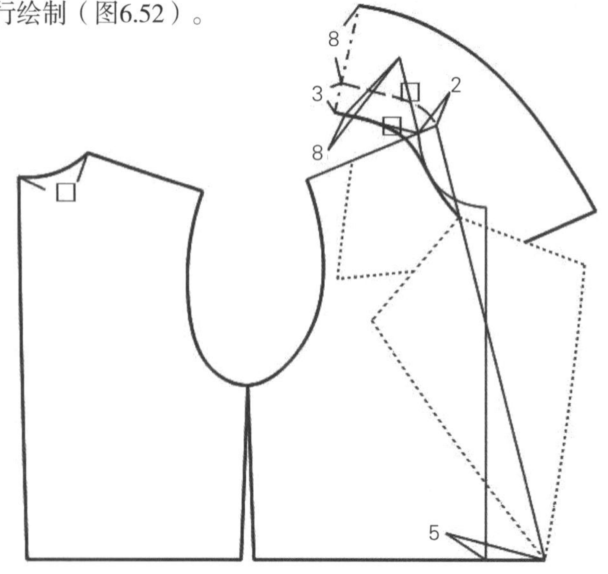

图6.52　双排扣宽驳领结构图

图6.53 高串口戗驳领款式图

二十三、高串口戗驳领

1）**款式特点：**该款属于戗驳头造型，领子串口位置相对较高，结合双排扣的门襟设计，整个领子看起来职业、干练（图6.53）。

2）**款式结构：**领宽保持原型尺寸不变，驳领翻折点设在腰围线处，领座宽为2cm，领面宽为4cm，搭门宽设为5cm，领子贴合衣身的部分采用仿形映射法进行绘制（图6.54）。

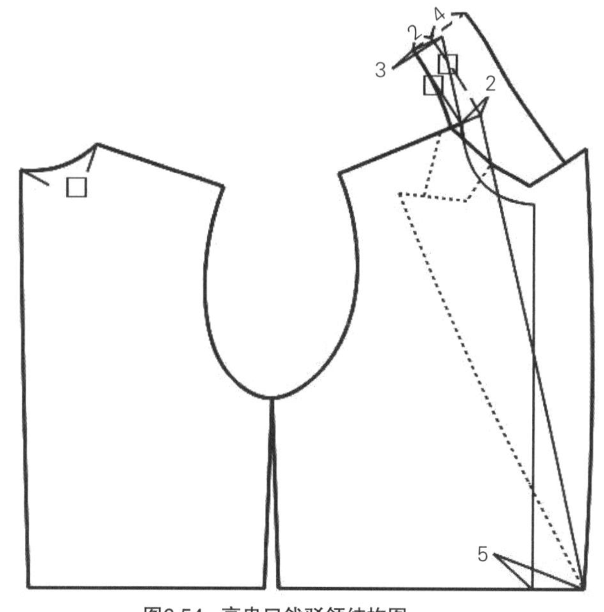

图6.54 高串口戗驳领结构图

图6.55 变化青果领款式图

二十四、变化青果领

1）**款式特点：**该款属于变化的青果领造型，整个领子无串口设计，领子尺寸至上而下逐渐加宽，形成类似于围巾的造型效果，领子整体感觉时尚大气（图6.55）。

2）**款式结构：**领宽保持原型尺寸不变，驳领翻折点设在腰节线向下18cm处，领子后领中心处宽为8cm，在此基础上对领子前端进行剪开拉伸处理（图6.56）。

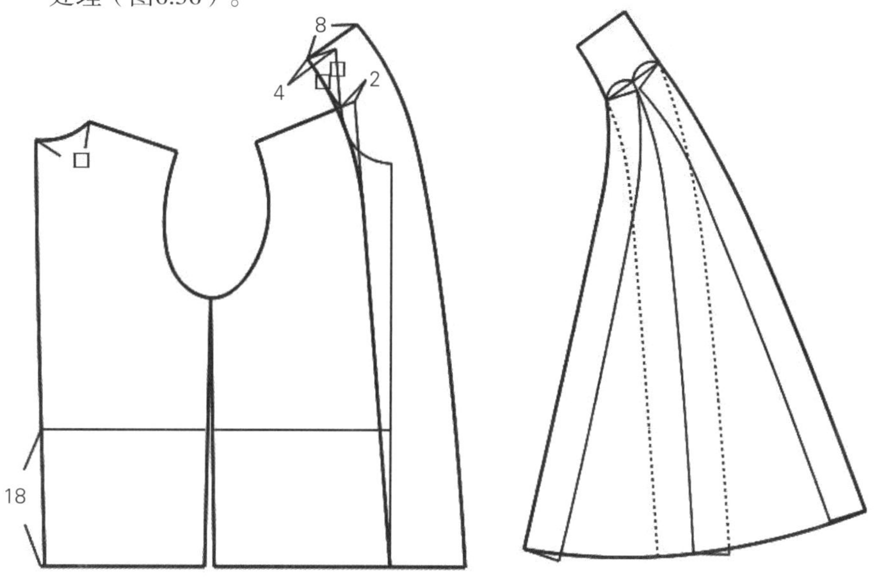

图6.56 变化青果领结构图

图6.57　宽驳头连驳领款式图

二十五、宽驳头连驳领

1）**款式特点：**该款造型属于连驳领，驳领翻折止点设在腰围处，驳领造型尺寸宽大，与立领部分对比鲜明，整个领子个性十足（图6.57）。

2）**款式结构：**领宽保持原型尺寸不变，驳领翻折点设在腰围线位置，领子贴伏在前衣身的部分按照仿形映射的方法绘制。立领部分宽为3cm（图6.58）。

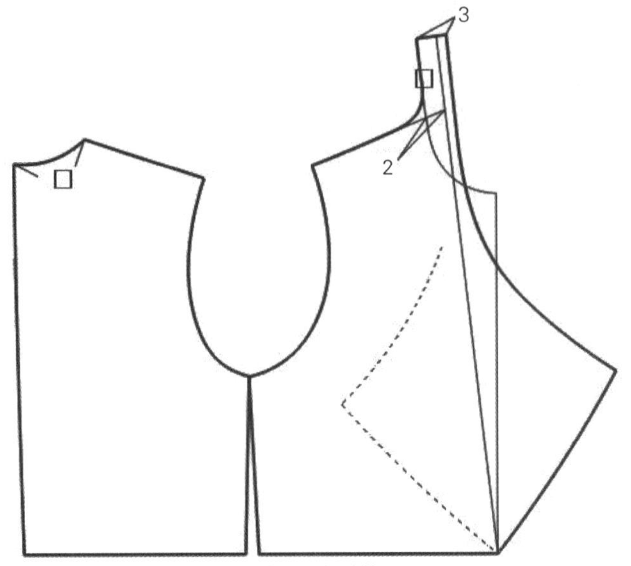

图6.58　宽驳头连驳领结构图

第七章

变化领款式与结构设计

一、不对称V形驳领

1）款式特点：左右呈不对称V形驳领设计，整体结构造型结合了翻领与无领两种领型元素。领子属于原创的小众风格（图7.1）。

2）款式结构：前后领宽保持在原型基础上沿肩线开宽2cm，前领深开深11cm，后领深开深21cm，领子贴服在前后衣身的部分按照仿形映射的方法绘制（图7.2）。

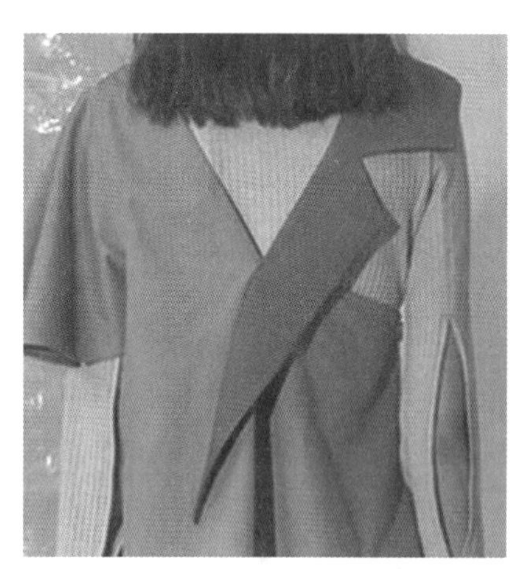

图7.1 不对称V形驳领款式图

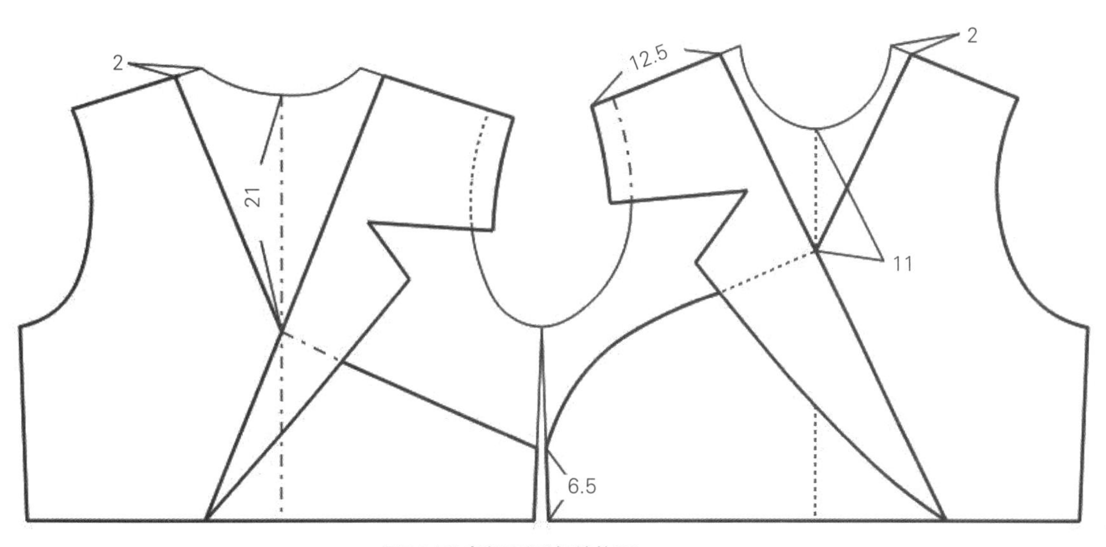

图7.2 不对称V形驳领结构图

二、立领圆领组合变化领

1）**款式特点**：传统立领与传统圆领的结合设计，具有另类独特的视觉效应，左肩处的镂空设计，为整个领子增添了些许性感风格（图7.3）。

2）**款式结构**：右侧前后领宽保持在原型基础上沿肩线开宽1cm，前领深上抬1cm，后领深开深0.5cm，左肩开口处距颈肩点为8cm，立领部分领宽3.5cm，领子后中心处进行断开处理（图7.4）。

图7.3 立领圆领组合变化领款式图

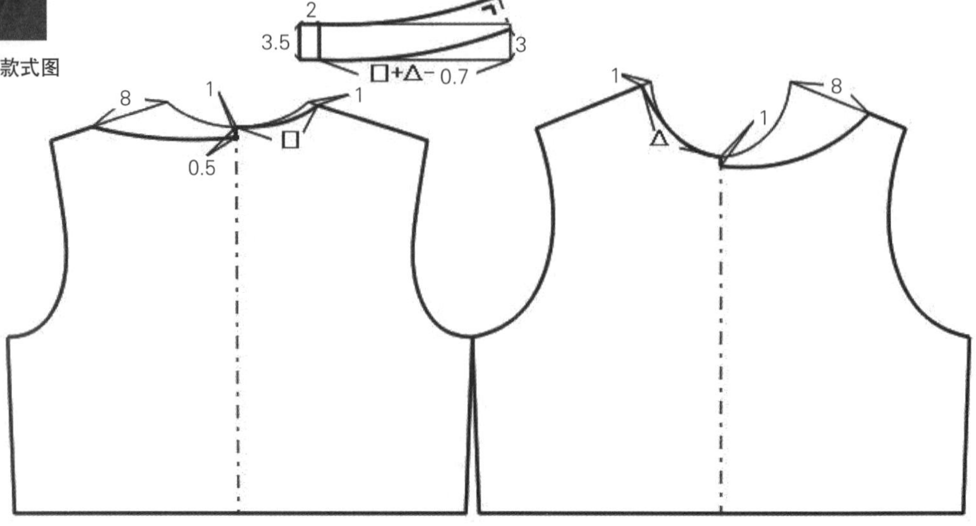

图7.4 立领圆领组合变化领结构图

三、不对称抽褶蝴蝶领

1）**款式特点**：领口造型采用不对称设计，右衣身沿右肩进行延伸，设计出自然褶的蝴蝶领造型，是该款领型的最大亮点（图7.5）。

2）**款式结构**：右侧前后领宽保持在原型基础上沿肩线开宽1cm，左侧前领深上抬1cm，后领深保持原型尺寸不变，领饰上口沿右肩水平延长33cm，下口处距前领深向下14cm处，水平延长34cm（图7.6、图7.7）。

图7.5 不对称抽褶蝴蝶领款式图

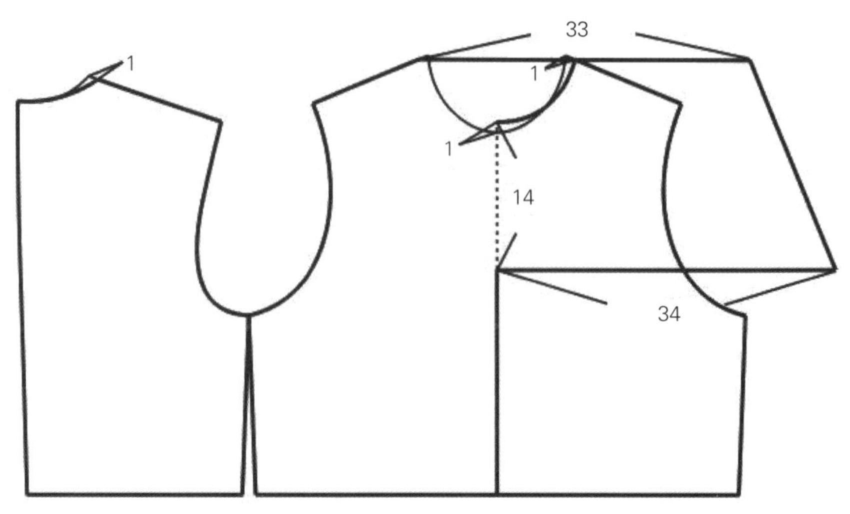

图7.6 不对称抽褶蝴蝶领结构图

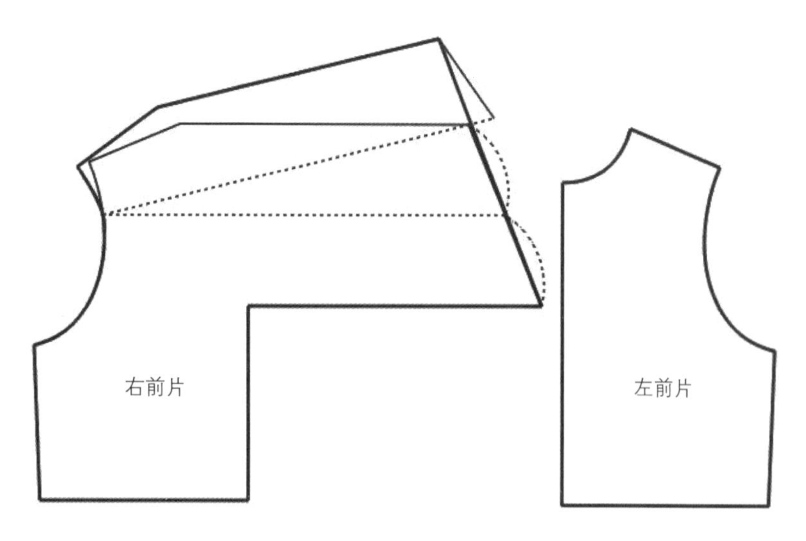

图7.7　不对称抽褶蝴蝶领结构图

图7.8　折叠V形变化领款式图

四、折叠V形变化领

1）**款式特点：** 通过领子在腰围位置的折叠上翻造型设计，使原本并不出奇的款式变得标新立异、与众不同（图7.8）。

2）**款式结构：** 右侧前后领宽保持在原型基础上沿肩线开宽1cm，领宽在肩线处为4.5cm，领子在腰节位置宽为17cm，左侧领子结构，按照仿形映射法进行绘制（图7.9）。

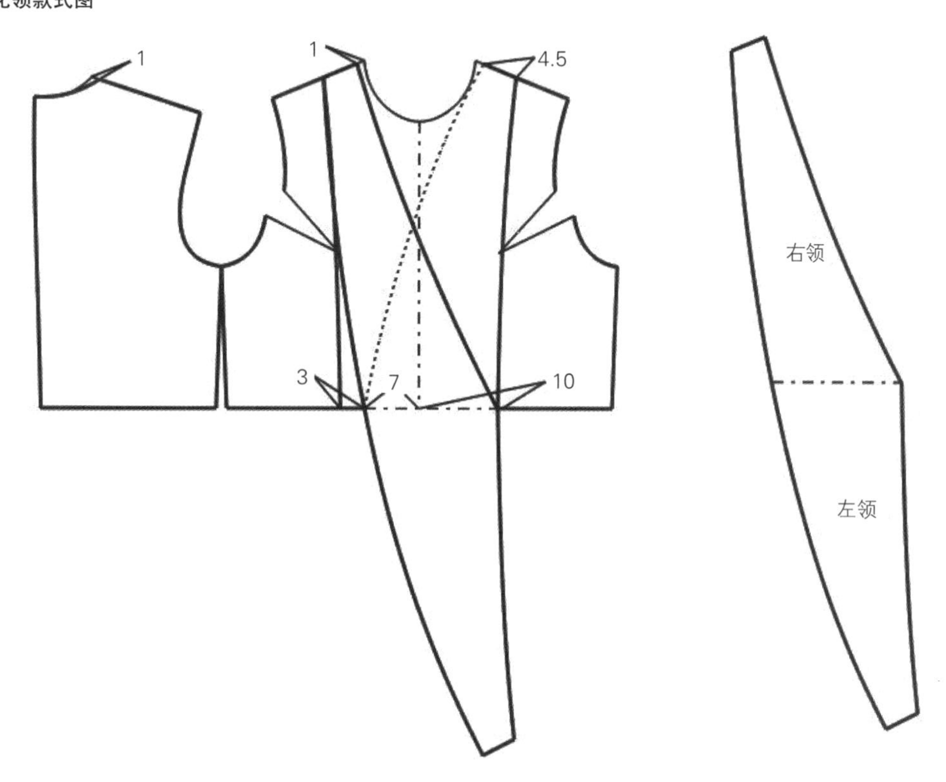

图7.9　折叠V形变化领结构图

五、围巾领

1）**款式特点**：整个领子像一个宽大的围巾，与右衣身连为一体，缠绕颈部并通过右衣身领口下层。领子款式大气时尚，具有保暖的实效功能，适用于秋冬女大衣中（图7.10）。

2）**款式结构**：右侧前后领宽保持在原型基础上沿肩线开宽3.5cm，搭门宽4.5cm，整个领子长度为75cm（图7.11）。

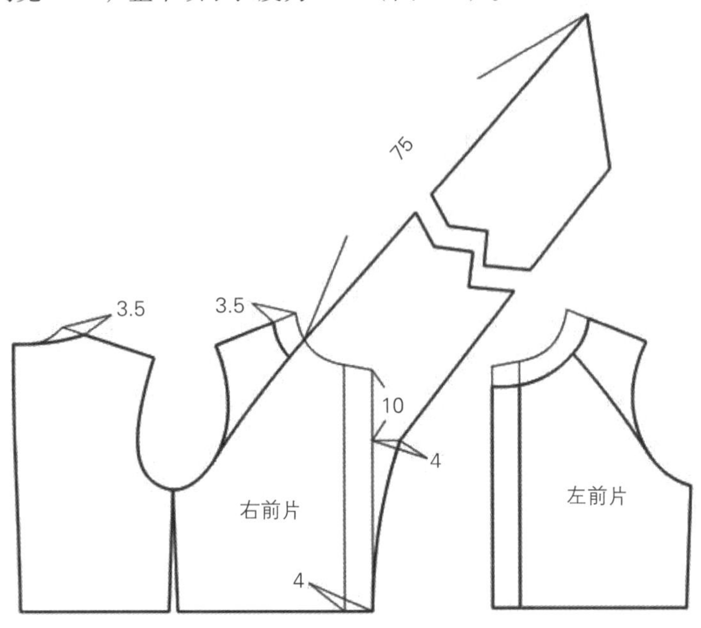

图7.11　围巾领结构图

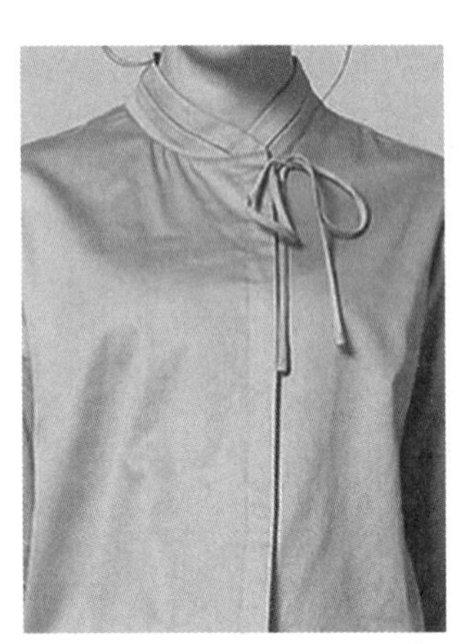

图7.12　偏襟系带变化立领款式图

六、偏襟系带变化立领

1）**款式特点**：整个领型属于立领的范畴之内，独特之处在于前衣身门襟处的偏襟处理及领口的系带，使原本略显中性的领子风格变得柔和、女性化了（图7.12）。

2）**款式结构**：领宽与领深尺寸保持原型不变，前领口弧线造型在原型基础上进行调整，立领结构采用流行的棒球领的结构制图方法进行绘制，领宽4.5cm（图7.13）。

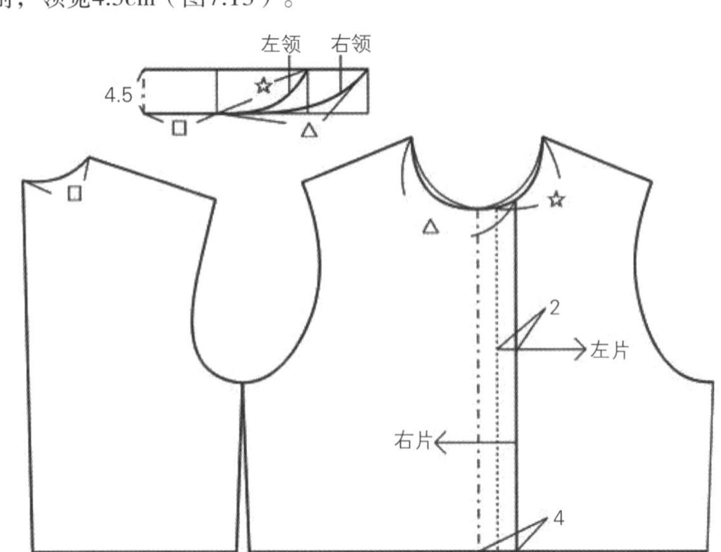

图7.13　偏襟系带变化立领结构图

图7.14 立领驳领组合变化领款式图

七、立领驳领组合变化领

1）**款式特点：**该款是立领与驳领的综合运用。独特之处在驳头的尺寸及造型设计上，加大的领宽及延伸到肩线上的领型设计（图7.14）。

2）**款式结构：**前后领宽在原型基础上沿肩线开宽1cm，后领深不发生变化，前领深开深1cm，腰围位置搭门8cm，驳领部分在肩线位置宽度为超出原型肩线2cm，立领宽2cm（图7.15）。

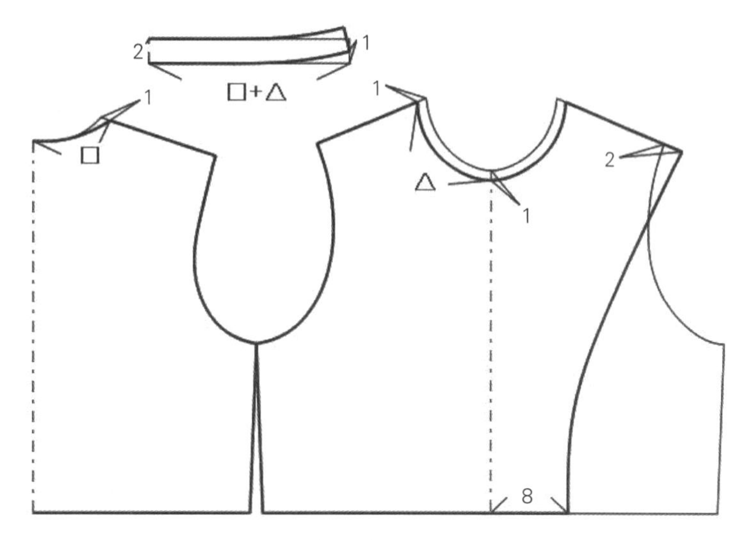

图7.15 立领驳领组合变化领结构图

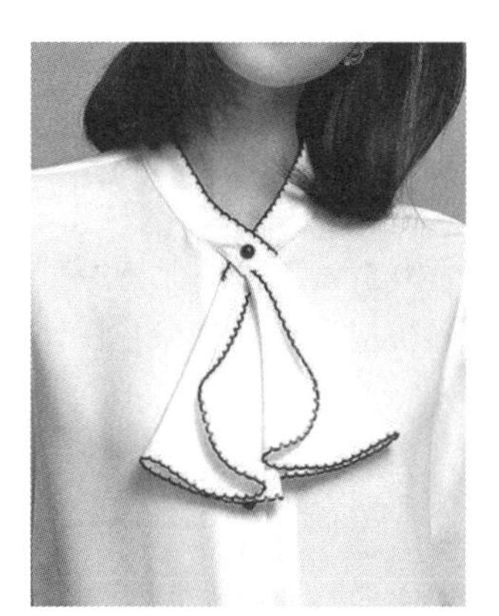

图7.16 荷叶边装饰变化立领款式图

八、荷叶边装饰变化立领

1）**款式特点：**主要造型属于立领，领子前端的荷叶边折叠处理使整个领子造型及风格发生变化，由传统变得独特、中性变得柔美（图7.16）。

2）**款式结构：**整个领子的领宽与领深尺寸保持原型不变，后领深保持原型尺寸不变，前领深开深2cm，搭门宽1.5cm，立领宽2.7cm，荷叶边上端宽3cm，下端宽9cm，通过剪开拉伸形成波浪效果（图7.17）。

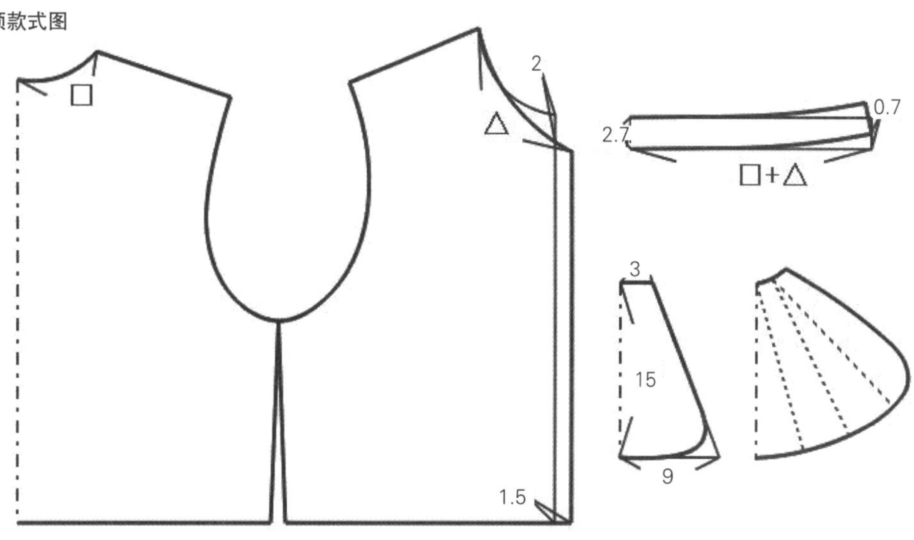

图7.17 荷叶边装饰变化立领结构图

图7.18　内倾立领驳领组合变化领款式图

九、内倾立领驳领组合变化领

1）**款式特点：**内倾立领与基础驳领的组合，呈现出一款由传统与独特、中性与柔美相结合的变化领造型（图7.18）。

2）**款式结构：**领宽在原型基础上沿肩线开宽1cm，后领深保持原型尺寸不变，前领深开深1cm，驳头翻折止点开至腰围向上4cm处。搭门宽4cm，立领宽4cm，立领与驳头前端均做弧线设计（图7.19）。

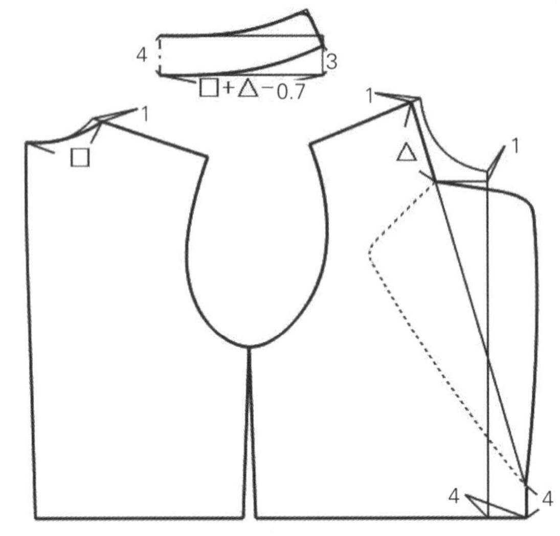

图7.19　内倾立领驳领组合变化领结构图

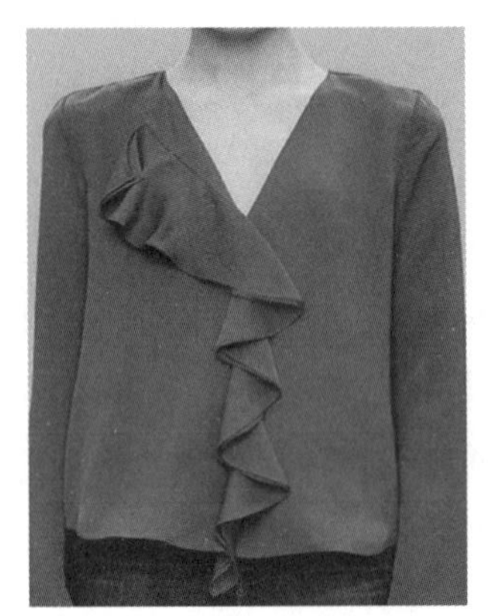

图7.20　V形领口波浪领款式图

十、V形领口波浪领

1）**款式特点：**该款主要造型属于波浪领，同时结合了V形无领的设计元素，右侧前衣身的双层荷叶边形成的波浪造型是该款领子的独特之处（图7.20）。

2）**款式结构：**领宽在原型基础上沿肩线开宽0.5cm，领深保持原型尺寸不变，荷叶边上端宽为10cm，长至腰围向下20cm，通过剪开、拉伸形成最终的波浪领造型（图7.21、图7.22）。

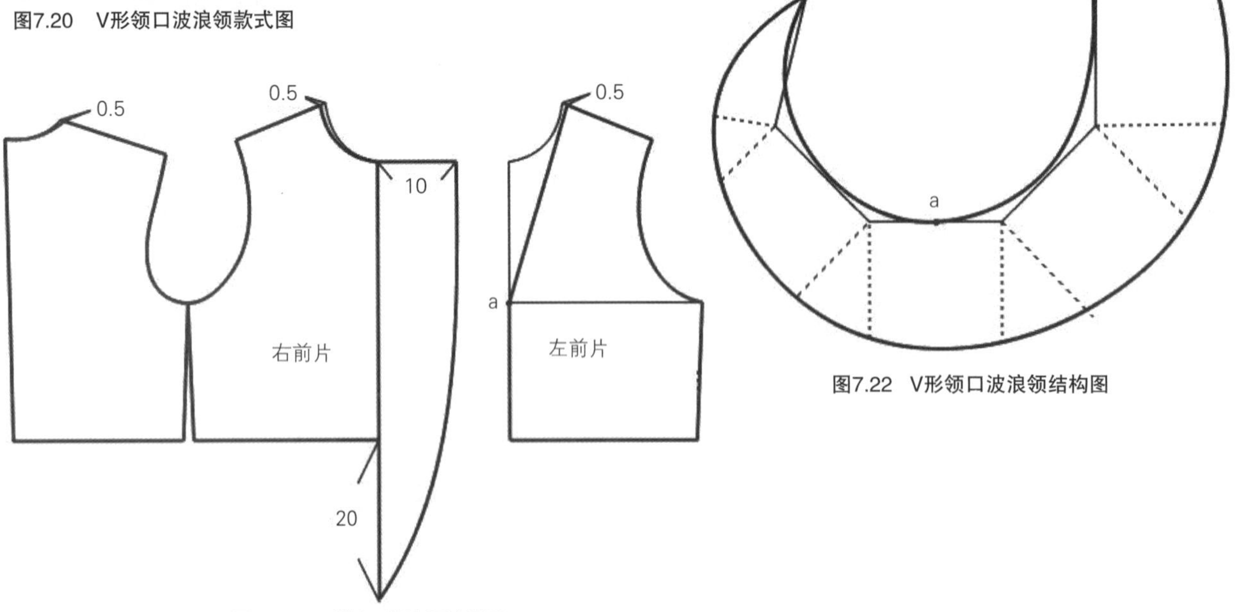

图7.21　V形领口波浪领结构图

图7.22　V形领口波浪领结构图

图7.23 立领无领组合变化领款式图

十一、立领无领组合变化领

1）**款式特点**：该款外观上给人以立领造型的视觉效果，但实际上融合了无领及立领两种领型特征，并且两种领型在前衣身领口处进行了划分，整个造型线条流畅（图7.23）。

2）**款式结构**：领宽在原型基础上沿肩线开宽5cm，前领深均开深1cm，后领深开深3cm，立领宽为5cm（图7.24）。

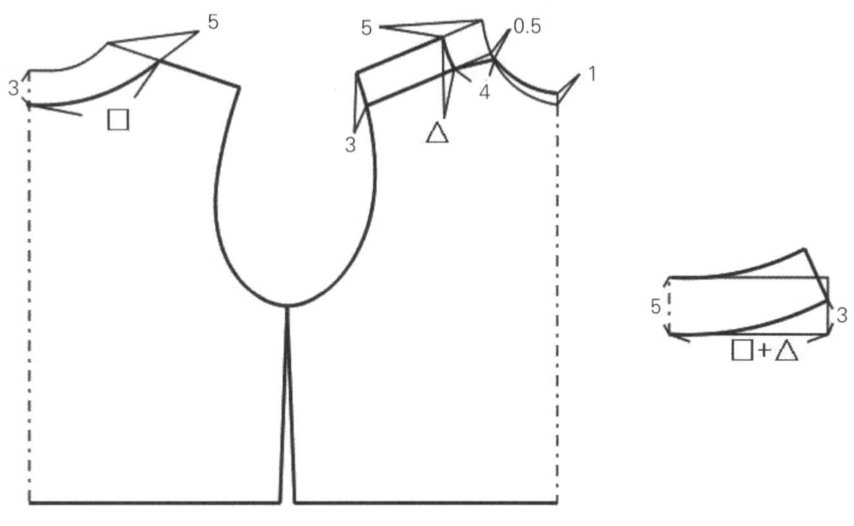

图7.24 立领无领组合变化领结构图

图7.25 系带领翻领组合变化领款式图

十二、系带领翻领组合变化领

1）**款式特点**：该款的造型总体偏向系带领，同时结合翻领的造型，长长的飘带，使整个领子看起来潇洒飘逸（图7.25）。

2）**款式结构**：领宽及领深的尺寸均保持原型尺寸不变。翻领止点设为胸围线向上4cm处，飘带长度为76cm（图7.26）。

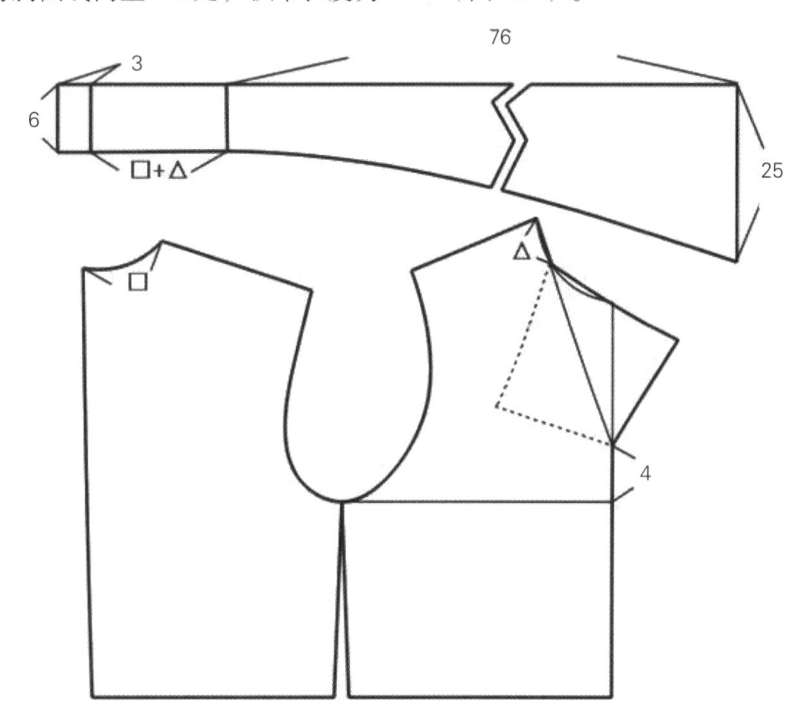

图7.26 系带领翻领组合变化领结构图

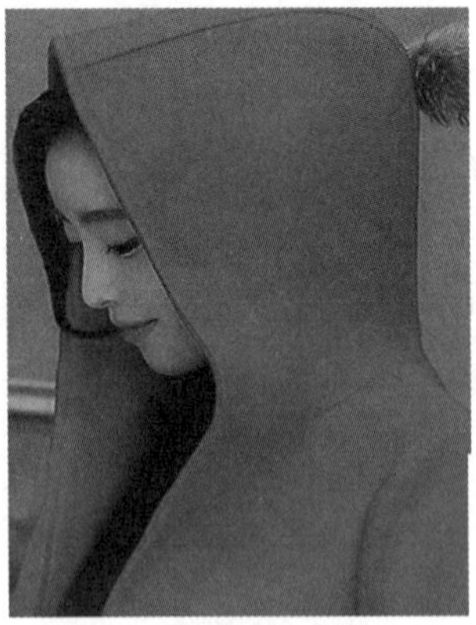

图7.27　连帽领款式图

十三、连帽领

1）**款式特点**：连帽领的典型款式之一，帽子尺寸相对合体，帽顶的绒球设计增添了整个款式的活泼与淘气的感觉（图7.27）。

2）**款式结构**：领宽在原型基础上开宽1cm，后领深保持原型尺寸不变，前领深开深2cm，帽子高28cm，帽中心拼接8cm（图7.28）。

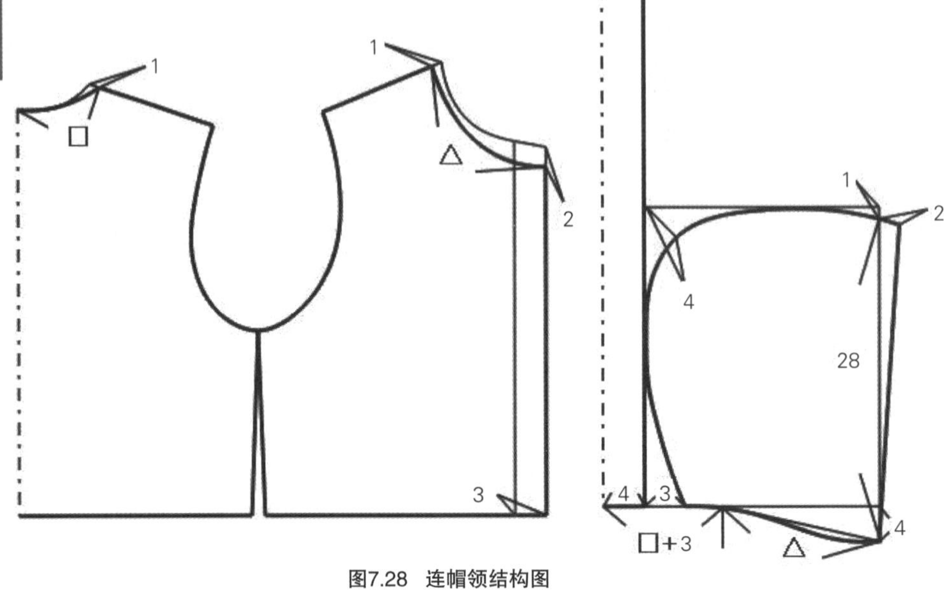

图7.28　连帽领结构图

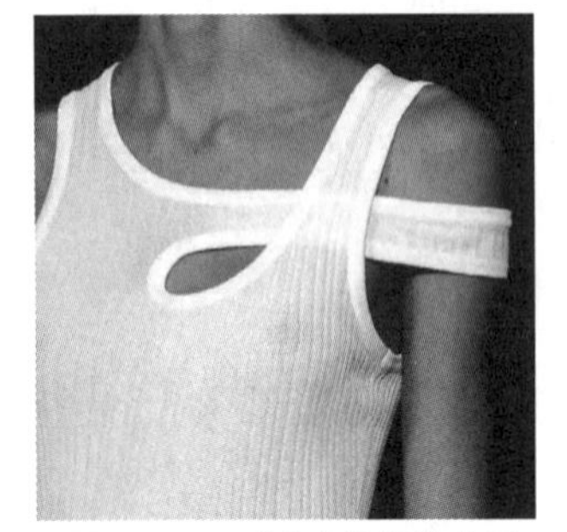

图7.29　不对称变化领款式图

十四、不对称变化领

1）**款式特点**：整体造型属于不对称变化领，结合了无领中的一字领、圆领和不对称等多种设计元素。虽然只保留了无领的结构特征，但是整个款式却新颖独特，充满设计感（图7.29）。

2）**款式结构**：领宽在原型基础上沿肩线开宽4cm，前领深开深4cm，后领深开深3cm，领子整体弧线造型，按照仿形法绘制（图7.30）。

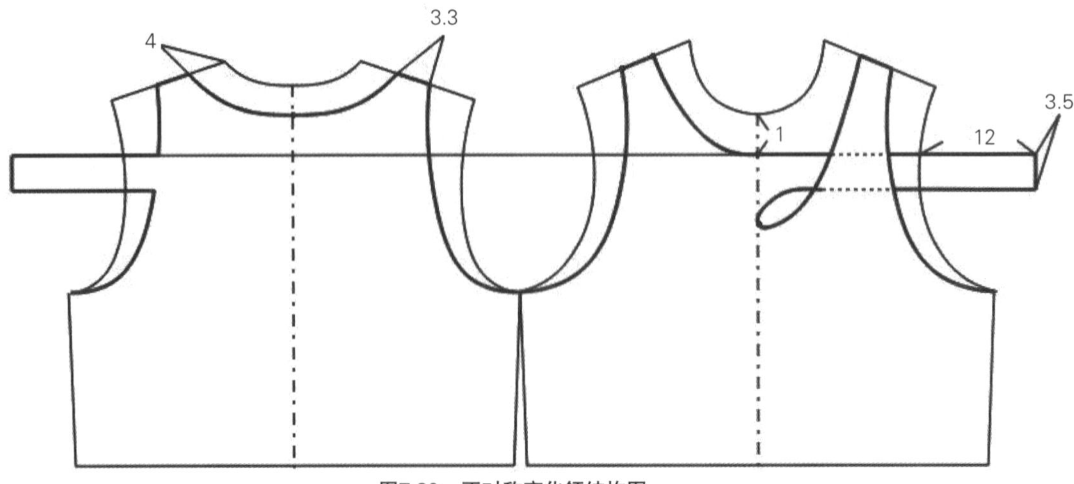

图7.30　不对称变化领结构图

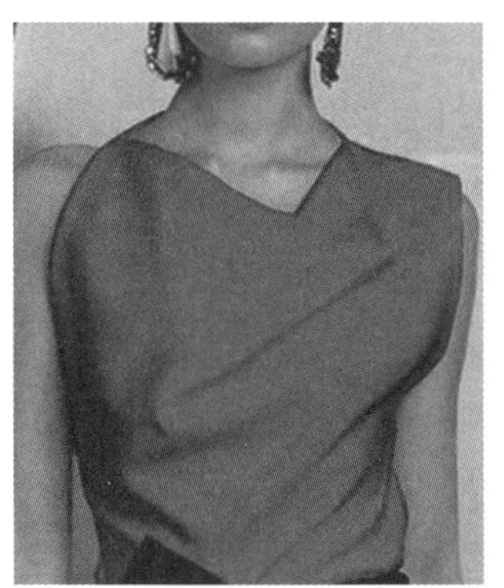
图7.31　荡领款式图

十五、荡领

1）**款式特点**：该款属于变化领中的荡领。通过前衣身领口位置的剪开拉伸，形成领口垂荡的造型效果，同时肩部的左右不对称的设计，也让整个领子造型看起来更加时尚新潮（图7.31）。

2）**款式结构**：领宽在原型基础上沿肩线开宽3cm,前领深开深4cm，后领深开深1cm，右肩线设为2cm（图7.32、图7.33）。

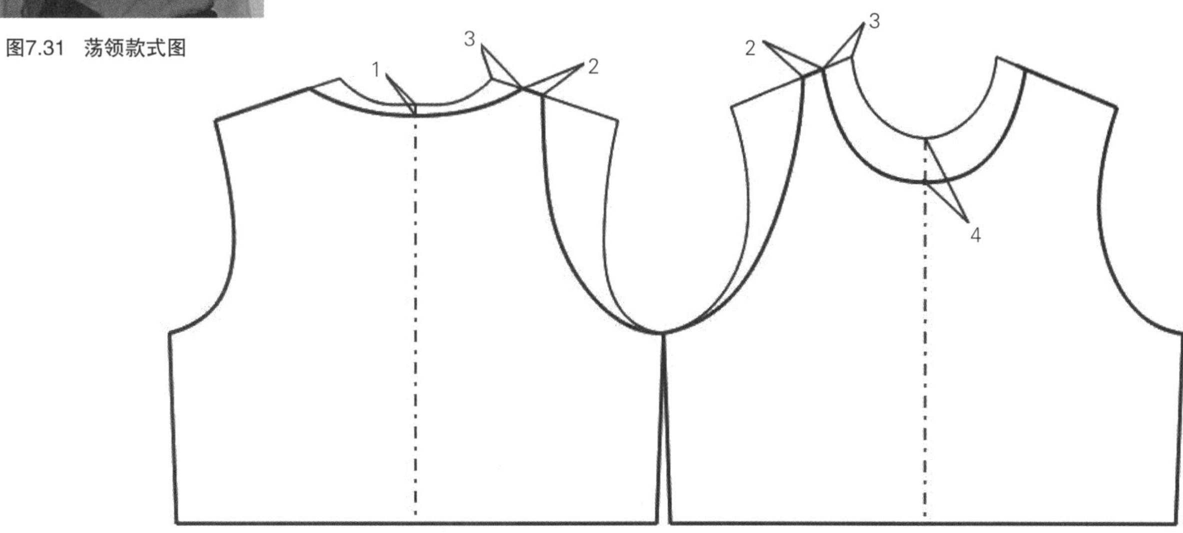

图7.32　荡领结构图

图7.33 荡领结构图

十六、阶梯状变化立领

1）款式特点：立领的前中心处的高低造型设计是该款领子主要的变化之处（图7.34）。

2）款式结构：右侧前后领宽保持在原型基础上沿肩线开宽0.7cm，前领深开深0.7cm，后领深保持不变，领子后中心处宽度为5cm，前中心领宽2cm（图7.35）。

图7.34　阶梯状变化立领款式图

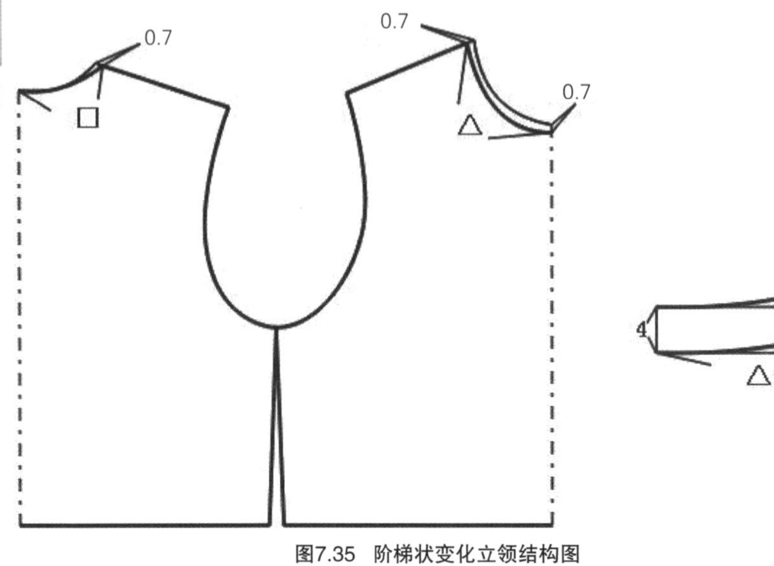

图7.35　阶梯状变化立领结构图

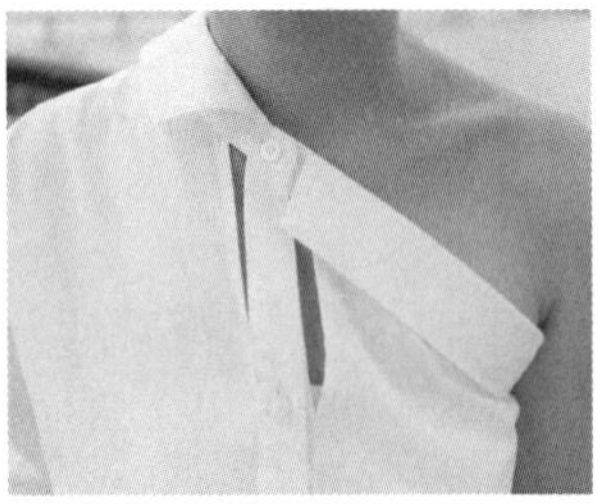

十七、变化企领

1）款式特点：以企领为基础领型进行变化的一款造型独特的变化领。与众不同的领口设计及前衣身止口处的开口设计，使整个领子造型打破了传统的企领设计概念，给人以耳目一新的视觉效应（图7.36）。

2）款式结构：领宽在原型基础上保持不变,前领深开深3cm，后领深采用仿形法绘制。领口斜线顺至腋下1.5cm处，前衣身止口处开口长13cm（图7.37）。

图7.36　变化企领款式图

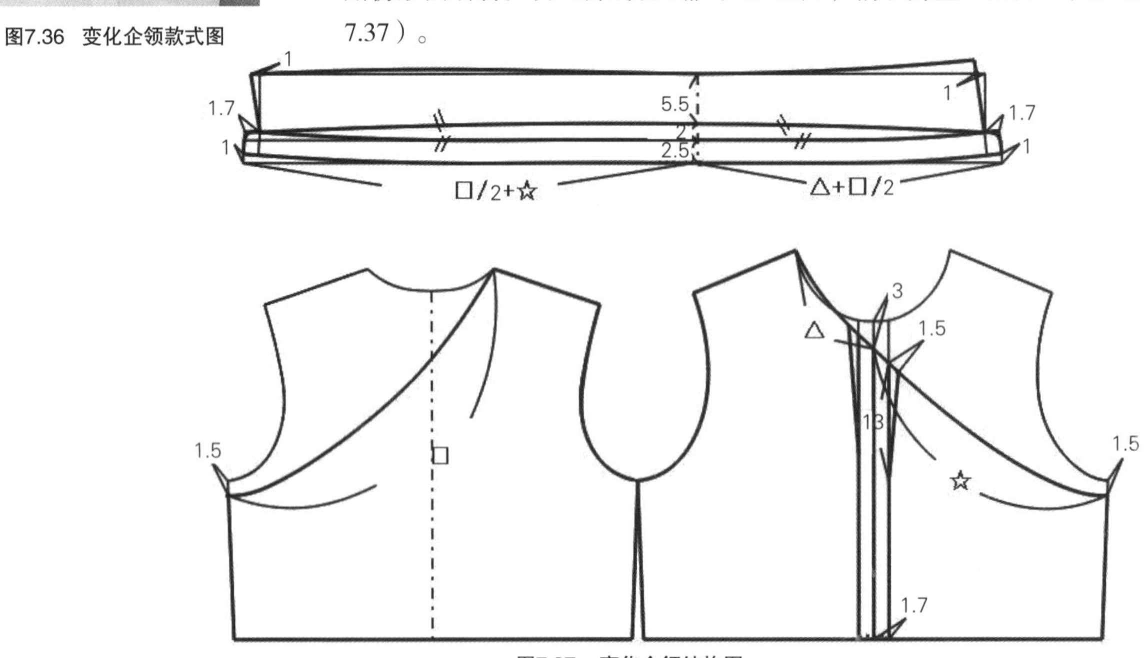

图7.37　变化企领结构图

图7.38　系带领款式图

十八、系带领

1）**款式特点：**典型的系带领，也叫飘带领。在圆形领口的基础上，缝合长方形飘带，形成领子造型，整体感觉活泼又不失柔美（图7.38）。

2）**款式结构：**领宽在原型基础上沿肩线开宽5cm，前领深开深至胸围线1/2处，后领深开深3cm，飘带长度沿领口弧线加长45cm（图7.39）。

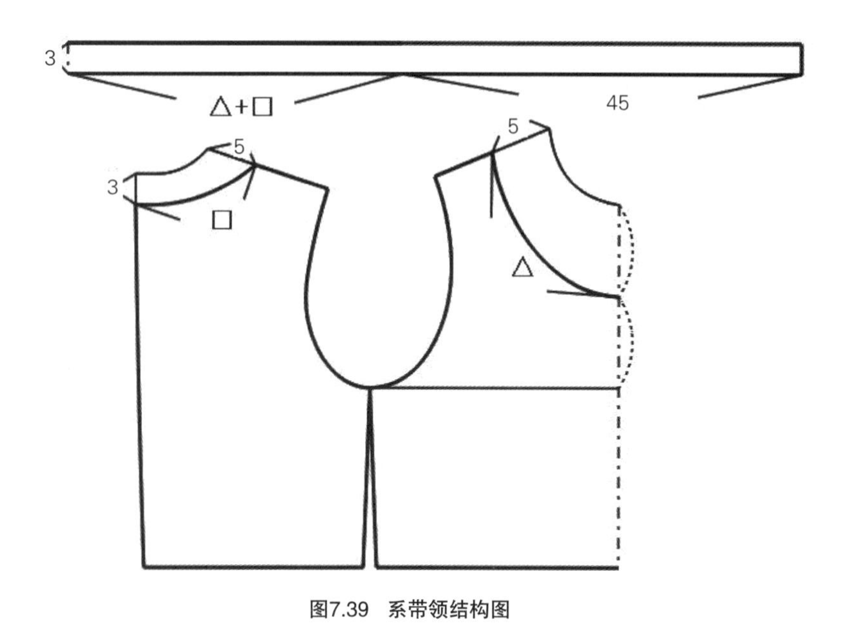

图7.39　系带领结构图

参考文献

[1]朱琴娟，王春燕，阎玉秀.衣领造型与裁剪[M].上海:东华大学出版社,2014.

[2]王雪筠.图解服装裁剪与制板技术[M].北京: 中国纺织出版社,2015.

[3]张文斌.服装结构设计[M].北京:中国纺织出版社,2006.

[4]刘瑞璞.服装纸样设计原理与技术—女装编[M].北京:中国纺织出版社,2005.

KEEP

darling

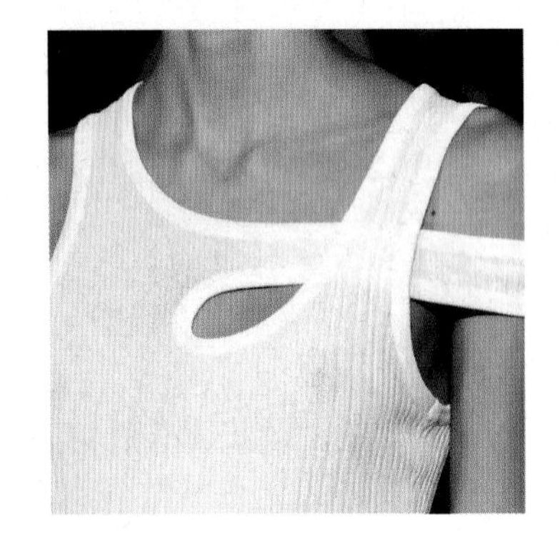

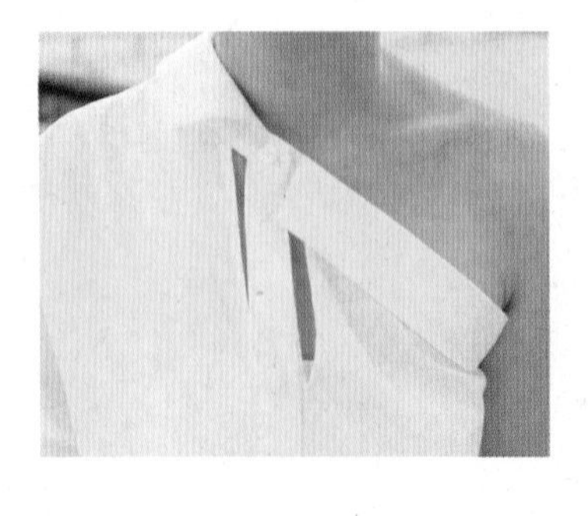

说明：插页中的彩图是按照书中彩图先后出现顺序来排列的。因在讲解领型类别时引用了后面的实例彩图，所以有几张图重复使用了。特此说明一下。